SAMI EL AYACHI

# KÖRPERSPRACHLICHES LONGIEREN MIT HUND

SAMI EL AYACHI

# KÖRPERSPRACHLICHES LONGIEREN MIT HUND

Kommunikation und Verbundenheit aufbauen und festigen

Unter Mitarbeit von Johanna Esser

KOSMOS

# INHALT

6 ALLES BEGINNT IM KOPF
7 Zu diesem Buch
8 Ein Interview mit Sami El Ayachi

12 LONGIEREN MIT HUND – WAS IST DAS?
13 Kommunikationstraining für Mensch und Hund
16 Kommunikation in Perfektion

18 BEVOR ES LOSGEHT NÄHE UND BERÜHRUNG
19 Kreisförmige Kommunikation
22 Motivation und Lernatmosphäre
26 Leine und Leinenführung
28 Die Arbeit am Kreis
30 Die Aufmerksamkeit des Hundes überprüfen

34 MENSCH-MENSCH-ÜBUNGEN
35 Trockenübungen

38 MIT DEM HUND AN DEN KREIS
39 Der Ablauf am Kreis

42 STABILER STAND
43 Der stabile Stand als Ausgangspunkt

48 DIE ANSPRACHE
49 Ansprache am Kreis üben
56 Die öffnende Bewegung

62 DIE ERSTEN SCHRITTE
63 Schritte am Kreis

68 Tempo
74 Aus dem Kreis schicken
76 Stoppen

78 ANSPRACHE AUS DER BEWEGUNG
79 Ansprache aus der Bewegung üben
80 Der Einsatz von Blick, Oberkörper und Füßen
83 Sprache

84 DIE ARBEIT AUF DISTANZ
85 Distanzvergrößerung

92 KREISWECHSEL
93 Kreiswechsel üben
96 Im Nahbereich und aus der Distanz
100 Kreiswechsel in eine Acht und in ein Oval

104 LONGIEREN MIT MEHREREN HUNDEN
105 Anspruchsvolles Longieren mit mehreren Hunden
106 Ein Mensch longiert mehrere Hunde
108 Mehrere Menschen longieren ihre Hunde gleichzeitig

110 KÖRPERSPRACHLICHES LONGIEREN IM ALLTAG
111 Ein Ausblick
114 Die Autoren

116 SERVICE
117 Zum Weiterlesen / Nützliche Links
118 Register


DIE WICHTIGSTEN ÜBUNGEN ALS FILM


11 Sami El Ayachi im Gespräch
65 Der Start und erste Schritte
66 Fliegender Wechsel
77 Stopp
81 Ansprache aus der Bewegung
87 Distanzaufbau aus der Bewegung
96 Kreiswechsel im Nahbereich
97 Kreiswechsel aus der Distanz


KOSMOS PLUS

DAS KOSTENLOSE EXTRA: DIE KOSMOS-PLUS-APP FÜR DIGITALE ZUSATZINHALTE

Dieses Buch enthält weitere Inhalte in Form von acht Filmen von Sami El Ayachi, die im Buch durch dieses Symbol 123 gekennzeichnet sind.

Und so geht's:

1. App Store oder Google Play besuchen.
2. Kostenlose App „KOSMOS-PLUS" auf das Mobilgerät laden.
3. Dann die App öffnen, die Inhalte mit dem Code „Sami" freischalten und die Inhalte für das Buch „Körpersprachliches Longieren mit Hund" herunterladen.
4. Auf den Seiten mit dem Symbol 123 gibt es Filme zum jeweiligen Thema. Dazu den dort genannten Zahlencode in die App eingeben oder in der Medienliste den entsprechenden Inhalt suchen.

Mehr Informationen finden Sie unter **plus.kosmos.de**

# Alles beginnt IM KOPF

# Zu diesem Buch

Vor knapp acht Jahren sah ich zum ersten Mal zu, wie ein Mensch, in der Mitte eines abgesteckten Kreises stehend, seinen Hund in alle Richtungen um diesen schickte und dabei diverse Kommandos einforderte, wie z. B. Sitz, Platz oder Steh. Diese Einheit von Mensch und Hund faszinierte mich von Anfang an.

## Die Königsdisziplin des Miteinander

Auf Nachfrage erklärte man mir damals, dass es sich hierbei um Longieren bzw. um Kreisarbeit handle und dass diese neue Variante des Hundesports teils aus der Arbeit mit Hütehunden und teils aus dem Reitsport stamme. Entscheidend für diese Arbeit sei, so erzählte man mir weiter, dass der Hund bereits eine umfangreiche und gründliche Ausbildung durchlaufen habe und die wesentlichen Kommandos, wie Sitz, Platz und Fuß, sicher beherrsche.
Longieren klang nach dieser Einführung für mich wie die Königsdisziplin des Hundesports, wie die Kür beim Eislaufen – und genau diese wollte ich mit meinem Hund erlernen. Mein Fein- und Fernziel war somit definiert. Die Reise dorthin war jedoch beschwerlich und teilweise widersprüchlich.
Heute kann ich rückblickend sagen, dass weder der Mensch und noch weniger der Hund eine irgendwie geartete Aus- oder Vorbildung zum Longieren mitbringen müssen. Entscheidend ist die richtige Art und Weise der Kommunikation.

## Eine einzigartige Möglichkeit der Kommunikation

Für mich steht fest, dass das Longieren mit Hund jedem Menschen die Möglichkeit bietet, die eigene Körpersprache bewusst wahrzunehmen und diese zur Kommunikation mit dem Hund einzusetzen. Es ist wie so oft in der Mensch-Hund-Beziehung – der Mensch fängt an, sich zu verändern und schon reagiert der Hund ganz anders.

Viele Menschen sind sich der Wirkung ihrer Körpersprache auf den Hund gar nicht bewusst. Sie wundern sich höchstens, wenn die Kommunikation zwischen ihnen und ihrem Hund nicht läuft wie geplant.
Dass es so viele körpersprachliche Missverständnisse und Unklarheiten zwischen Mensch und Hund gibt, liegt unter anderem an unseren sprachlichen Fähigkeiten. Der bewusste Einsatz von Körpersprache, mit gleichzeitiger Synchronisation der gesprochenen Sprache, kann eine neue Dimension der Mensch-Hund-Beziehung hervorrufen. Neben einem schönen und funktionierenden Miteinander am Kreis kann diese Form der Kommunikation auch viele Alltagssituationen erleichtern.

*Nie werde ich den Moment vergessen, als ich an einem verregneten Herbsttag 2007 an einen betonierten, kreisförmigen Brunnen kam und völlig intuitiv nahezu in die Mitte trat und meinen Hund körpersprachlich nach rechts und nach links um den Brunnen führte. In diesem Moment hatte ich weder Futter noch andere positive Verstärker oder Motivationshilfen bei mir – mein Hund folgte ausschließlich mir und meinen körpersprachlichen Ansagen.*

Sami El Ayachi

# EIN INTERVIEW
## *mit Sami El Ayachi*

**Das Longieren mit Hund wird immer beliebter und ist schon längst keine Ausnahmeerscheinung mehr, wenn es darum geht, Hunde sinnvoll zu beschäftigen und auszulasten. Was jedoch meistens nicht ohne künstliche Motivationshilfen angeboten wird, ist bei Longiercoach Sami El Ayachi Standard: Longieren mit Hund, ausschließlich durch Körpersprache.**

*Herr El Ayachi, was genau hat man sich unter „Körpersprachlichem Longieren mit Hund" vorzustellen?*

SAMI EL AYACHI Longieren mit Hund ist zunächst einmal eine konzentrierte Beziehungsarbeit zwischen Mensch und Hund an einem Kreis. Der Hund wird an einer dünnen Fettlederleine vom Menschen am Kreis geführt. Der Abstand zwischen Mensch und Hund beträgt anfangs ca. 1 bis 2 Meter. Der Hund läuft außerhalb und der Mensch innerhalb des Kreises. Das Training wird zunächst nahezu nonverbal durchgeführt. Der Mensch bringt den Hund lediglich durch seine Körpersprache und evtl. durch Nennung des Namens in die Kommunikation. Hierbei agiert der Mensch eigentlich immer gleich. Kurz vor dem Start schaut der Mensch seinen Hund kurz an (Blick als Einladung zur Kommunikation), dann dreht er sich in eine Richtung und geht los (Angebot zur Durchführung einer Kommunikation), baut Tempoänderungen ein oder bleibt einfach stehen. Die Ansprache, also der Blick und das Verlagern des Oberkörpers zum Hund, sind vergleichbar mit dem Tritt auf das Kupplungspedal beim Autofahren und die nachfolgende öffnende Bewegung kann man mit dem Tritt auf das Gaspedal vergleichen.

*Welche Voraussetzungen müssen Mensch und Hund für das Longieren erfüllen?*

SAMI EL AYACHI Grundsätzlich kann jeder Mensch und jeder Hund sofort mit dem körpersprachlichen Longieren beginnen. Viele Menschen brauchen jedoch zunächst eine ausführliche Erläuterung und Einführung ihre eigene Körpersprache betreffend und deren Einsatzmöglichkeit in Bezug zum Hund. Hierzu verwende ich sehr gerne eine Ballwurfübung und eine Tassenübung. Der Hund sollte je nach Rasse zwischen 6 Monaten und einem Jahr sein. Eine Altersbegrenzung nach oben gibt es nicht.

*Welche Aufgabe kommt dem Menschen beim Longieren zu?*

SAMI EL AYACHI Der Mensch führt die Regie beim Longieren, d. h. der Mensch agiert und der Hund reagiert.

*Welche Aufgabe kommt dem Hund beim Longieren zu?*

SAMI EL AYACHI Der Hund muss genau hinschauen, was der Mensch körpersprachlich ansagt und im besten Fall richtig auf die Ansagen reagieren.

*Gibt es Momente, in denen Sie ein Longiertraining abbrechen?*

SAMI EL AYACHI Ja, die gibt es. Wenn ich merke, dass in der Mensch-Hund-Beziehung grundlegende Dinge nicht geklärt sind, breche ich das Longiertraining beispielsweise ab und erkläre dem Menschen, was da gerade zwischen ihm und dem Hund passiert ist. Eine weitere Begleitung in Form einer Verhaltensberatung wird dann optional angeboten.

Denn wichtig zu wissen ist, dass das Longieren allein keine Therapieform ist.

*Beim Longieren ist das Verhältnis von Nähe und Distanz entscheidend. Was genau bedeutet das? Wie sieht dieses Verhältnis aus? Geht es darum die Distanz zwischen Mensch und Hund (auch unter Ablenkung) kontinuierlich zu erhöhen?*

**SAMI EL AYACHI** Das Verhältnis von Nähe und Distanz ist ein grundsätzliches Thema in der Beziehung von Mensch und Hund. Beim Longieren mit Hund wird die Distanz kontinuierlich aufgebaut. Die Distanz wird immer erst dann vergrößert, wenn der Hund die körpersprachlichen Vorgaben und Ansagen des Menschen sicher und verlässlich im Nahbereich umsetzt. Das kann bei dem einen oder anderen Mensch-Hund-Team sehr kleinschrittig sein. Am Ende sollte der Hund in der Lage sein, jeder Ablenkung innerhalb oder außerhalb des Kreises zu widerstehen und ausschließlich auf seinen Menschen und dessen Körpersprache zu achten.

*Ist es dem Hund beim Longieren grundsätzlich untersagt, sich dem Menschen körperlich zu nähern oder: Was bedeutet „Tabuzone"?*

**SAMI EL AYACHI** Beim körpersprachlichen Longieren mit Hund führt der Mensch die Regie des Gespräches, daher ist es dem Hund erst dann gestattet die Distanz zum Menschen zu verringern, wenn der Mensch dies erlaubt. Sofern also der Mensch den Hund in das Kreisinnere einlädt, ist der Kreis in dieser Situation natürlich keine Tabuzone mehr für den Hund. Ergo entscheidet der Mensch über Nähe und Distanz.

*Was ist das Besondere an Ihrer Art des Longierens, worauf kommt es an?*

**SAMI EL AYACHI** Das Besondere, sofern man davon sprechen kann, ist das tatsächliche körpersprachliche Leiten des Hundes durch den Menschen. Der Mensch und dessen Gesprächsführung ist die ausschließliche Motivation für den Hund. Je klarer der Mensch führt, desto deutlicher folgt der Hund, fast spiegelbildlich, den Ansagen. In meinen Workshops und Kursen versuche ich den Menschen die unbewusste menschliche Körpersprache in der Kommunikation mit Menschen bewusst zu machen und diese Körpersprache dann auf den Umgang mit dem Hund zu übertragen. Wenn man genau hinschaut, gibt es so viel Parallelen in der Körpersprache

von Hund und Mensch. Darüber hinaus versuche ich den Menschen den sinnvollen Einsatz von Blicken zu vermitteln. Ich vertrete die Auffassung, dass man einen Blick häufig nur braucht, wenn man etwas will. Hat man das Gewollte dann erreicht, kann man den Blick auch sofort wieder herausnehmen oder lösen und die Gesamtsituation insgesamt entkräften. Das bedeutet jedoch nicht, dass das Gespräch zwischen Mensch und Hund dann beendet ist, vielmehr bleibt der Hund auch hier zumindest mit seinem Blick beim Menschen.

*Arbeiten Sie beim Longieren auch mit Leckerli oder anderen Motivationshilfen?*

**SAMI EL AYACHI** Während des Longierens arbeite ich weder mit Leckerli noch mit anderen Motivationshilfen. Beim Einsatz von Hilfsmitteln wird die Körpersprache häufig allein aufgrund der Darreichung der Mittel widersprüchlich. Die Gabe von Leckerli und sonstigen Motivationshilfen ist daher eher kontraproduktiv und für eine gute Arbeit auch nicht notwendig. Der Mensch ist doch wohl Motivation genug. Es gibt aber tatsächlich Menschen, die nur zwei Stimmungslagen im Umgang mit ihrem Hund kennen: „Super gemacht" oder „Lass das". Diesen Menschen hilft oft die Gabe von Futter nach einer Trainingseinheit. Ich versuche jedoch an den Stimmungslagen zwischen „Super gemacht" und „Lass das" zu arbeiten. Wenn ich den Menschen diesbezüglich „ändern" kann, dann braucht dieser auch keine Motivationshilfen mehr.

*Warum ist die Körpersprache beim Longieren so entscheidend und was kann der Mensch durch das Longieren für sich lernen (abgesehen von der Verbesserung/Intensivierung der Beziehung zu seinem Hund)?*

**SAMI EL AYACHI** Vielen Menschen ist ihre eigene Körpersprache nicht bewusst. Durch das Longieren bekommen meine KursteilnehmerInnen die Gelegenheit sich neu kennenzulernen und seinen/ihren Körper bewusster einzusetzen. Dies verbessert nicht nur die Kommunikation zwischen Mensch und Hund, sondern auch im zwischenmenschlichen Miteinander. Der Mensch lernt, welche unterstützende Wirkung seine Körpersprache in einem Gespräch oder in jeglicher Form der Kommunikation haben kann. Ob diese verfeinerte Wahrnehmung und Wirkung der Körpersprache langfristig erhalten bleibt oder verpufft, liegt am Menschen selbst. Das Longieren ist u. a. deshalb so gut geeignet, die eigene Körpersprache und das eigene Timing zu trainieren, weil der Mensch am Longierkreis eine immer wiederkehrende Situation herstellen kann und sich hervorragend entlang des Kreises nach vorne orientieren kann.

*Ist eine hohe Erregung Grundvoraussetzung, wenn es um das Longieren geht?*

**SAMI EL AYACHI** Es gibt keine Grundvoraussetzung für das Longieren, jeder Hund ist „longierbar", jedoch sind die erreichbaren Ziele unterschiedlich. Ich finde es immer reizvoll einen Hund mit einem hohen Energielevel im langsamen Tempo zu bewegen und umgekehrt einen langsamen Hund hochzufahren. Jeder Hund ist anders, das macht den Reiz aus. Nicht jeder Hund guckt wie ein Malinois – trotzdem ist er longierbar. Hinzu kommt, dass der Hund seinen Kopf nicht in den Kreis drehen muss, damit er mit seinem Menschen kommunizieren kann. Ein fast „unsichtbarer“ Blick des Hundes reicht.

*Was sollte aus dem Longieren resultieren, was sollte das Ergebnis sein?*

**SAMI EL AYACHI** Das Longieren mit Hund ist für mich eine Trainingsmethode, die alltagstauglich ist bzw. in den Alltag übertragen werden kann. Mein Ziel ist daher, die Herstellung einer sicheren Beziehung zwischen Mensch und Hund, in welcher der Hund auch auf die Kleinigkeiten beim Menschen achtet. Freiheit durch Verlässlichkeit, Festigung der Mensch-Hund-Beziehung, Verbesserung der Kommunikation und Vertrauen.

*Ist Longieren Beziehungsarbeit, reine Beschäftigung, Hundesport oder ein Mix aus diesen Komponenten?*

**SAMI EL AYACHI** Zunächst einmal ist der Aufbau, so wie ich durchführe, eine reine Beziehungsarbeit. Aus einer guten Beziehung kann aber schnell eine unterhaltsame Beschäftigung werden. Sport wird es erst dann, wenn man ein Regelwerk aufstellt und Wettkämpfe auslobt. Ein Regelwerk habe ich auch schon mal angedacht, halte dies jedoch nicht für erstrebenswert, da es aus meiner Sicht nicht immer um „Höher, Schneller, Weiter“ gehen sollte, sondern viel mehr um das genaue, höfliche und respektvolle Miteinander!

*Sie longieren auch auf zwei Zirkeln. Warum?*

**SAMI EL AYACHI** Das Longieren an zwei Kreisen dient schon der Beschäftigung. Man kann Tempo und große Distanzen erarbeiten. Darüber hinaus werden Laufrichtungen über Blicke und Körpersprache vorgegeben. Das Ganze geht auch mit drei und vier Kreisen.

*Wie stehen Sie zu Longility, Freilongieren und Therapielongieren (z. B. für unsichere und ängstliche Hunde)?*

**SAMI EL AYACHI** Longility ist für die Beschäftigung sehr witzig und durchaus unterhaltsam. Wichtig ist nur, dass der Hund weiterhin auf den Menschen achtet und nicht sein eigenes Ding dreht. Freilongieren fällt uns Menschen äußerst schwer, da uns der Kreis oder andere Orientierungshilfen fehlen und wir ohne diese nicht in der Lage sind im Kreis zu gehen. Wenn der abgesteckte Kreis nicht mehr als Orientierung da ist, laufen wir Menschen nicht mehr exakt und daher führen wir nicht mehr klar. So oder so geht es am Anfang ohnehin nur mit Leine, da ich den Hund mit dieser absichern muss, damit er sich unangenehmen Situationen nicht entzieht und ich als Mensch nicht ständig nachschauen muss, was er macht. Den Ausdruck „Therapielongieren“ finde ich sehr vermessen, denn das Longieren kann sicherlich keine Therapie ersetzen. Das Longieren kann allenfalls ergänzend zu einer guten Verhaltensberatung und Therapie eingesetzt werden.

*Woran erkennt man beim Longieren, dass Mensch oder Hund überfordert sind?*

**SAMI EL AYACHI** Die Überforderung beim Menschen erkennt man an häufigen und unnötigen Blicken (Kontrollblicken). Häufiges Drehen zum Hund und wenig Dynamik beim Stoppen. Nicht mehr zu wissen, wo links und rechts ist. Die Überforderung beim Hund erkennt man anhand von Grenzübertritten trotz richtiger Körpersprache (Nah beim Menschen wird schon alles richtig sein), Passlaufen, sämtlichen Übersprungshandlungen, wie permanentes Gähnen, Sich-Kratzen; darüber hinaus Bellen, den Menschen anspringen, leichtes bis starkes Schnappen, einfaches Liegen- oder Sitzen bleiben, Fluchtverhalten, usw.

**001** Zum Film
**Sami El Ayachi im Gespräch**

Longieren mit Hund –

# WAS IST DAS?

# Kommunikationstraining für Mensch und Hund

Sicherlich werden Sie sich zu Beginn fragen, was es mit dem Longieren überhaupt auf sich hat, was Sie damit erreichen können, was Sie tun müssen, was Ihr Hund können muss, welches Equipment Sie benötigen, wie Sie am besten beginnen und wie Sie das Gelernte sinnvoll ausbauen.

Diese oder ähnliche Fragen, das Longieren betreffend, versuche ich Ihnen in diesem Buch zu beantworten.

Longieren mit Hund ist in erster Linie ein Kommunikationstraining für Menschen mit Hund. Hierbei wird der Hund mit Blicken, Körpersprache, Körperhaltungen und über räumliche Stellungen geleitet. Der Mensch hält sich innerhalb und der Hund außerhalb eines Kreises auf.

## FREUNDSCHAFTLICHES GESPRÄCH

Im übertragenen Sinne ist Longieren mit Hund ein freundschaftliches Gespräch zwischen Ihnen und Ihrem Hund. Sie sind dabei gleichzeitig Regisseur und Protagonist, Sie bestimmen die Rahmenbedingungen und den Ablauf. Ihr Hund ist Mitspieler und reagiert ausschließlich – im besten Fall tut er das spiegelbildlich – auf Ihre Vorgaben. Man könnte also sagen, Sie führen das Gespräch und Ihr Hund folgt diesem aufmerksam.

*Oder anders ausgedrückt: Lernen Sie eine Geschichte spannend und fesselnd zu erzählen, dann wird Ihnen auch Ihr Hund aufmerksam zuhören und dranbleiben.*

*Die Grundlage für die Erzählung einer spannenden Geschichte können Sie beim körpersprachlichen Longieren erlernen und vertiefen. Ihr Hund wird es Ihnen danken.*

Longieren mit Hund ist aber auch eine unmittelbare, widerspruchsfreie, konzentrierte und verbindende Kommunikation zwischen Ihnen und Ihrem Hund, die sich mit dem sinnvollen Einsatz von Blicken und Blickrichtungen auseinandersetzt. Darüber hinaus ist es außerdem ein konzentriertes und effektives Körpersprachentraining für Mensch und Hund.

Im Detail betrachtet, schult das Longieren mit Hund die Fähigkeiten eines Individuums, den Aufmerksamkeitszustand, die gedanklichen Vorgänge und Vorhaben des Gegenübers aufgrund von Blicken und Körpersprache frühzeitig zu erkennen.

## GEEIGNET FÜR JEDEN HUND

Geeignet sind grundsätzlich alle Hunde, wenn es um das körpersprachliche Longieren geht. Es gibt aber sicherlich Rassen, die besonders schnell verstehen, worum es geht bzw. nicht alles in Frage stellen, was der Mensch von ihnen verlangt.

Viel entscheidender als die Rasse ist jedoch die Persönlichkeit eines Hundes, kombiniert mit der Persönlichkeit eines Menschen und die bisherigen Erfahrungen beider mit dem Thema Führen und Folgen. Aus diesem Grund sind die individuellen Voraussetzungen eines Hundes maßgeblich für den „Erfolg“ der Gemeinsamkeit am Kreis.

Größe und Alter des Hundes spielen ebenfalls keine besonders wichtige Rolle für das Miteinander am Kreis. Wichtig ist nur zu wissen, dass Sie mit einem Welpen oder Junghund noch keinen ganzen Kreis gehen sollten. Zwei bis drei Wiederholungen vom stabilen Stand zu einer kurzen Ansprache und einer kurzen Bewegungssequenz bis hin zum Stopp reichen zum Einstieg völlig aus. Je nach Entwicklungsstand des Hundes kann das Training

**EINSTIMMUNG** **Konzentration zwischen Mensch und Hund.**

**GEMEINSAMES ÖFFNEN** **Der Hund öffnet spiegelbildlich mit dem Menschen.**

kontinuierlich aufgebaut und die Länge der jeweiligen Durchgänge verlängert werden. Terrier gelten z. B. als Frühentwickler und können daher ca. ab dem 6. Lebensmonat longiert werden, größere Hunde ca. ab dem 8. oder 9. Monat. Letztendlich ist es aber immer eine individuelle und auf den jeweiligen Hund bezogene Entscheidung, wann man mit dem Longieren beginnen möchte und sollte. Manchmal kann es gerade reizvoll sein, an den jeweiligen „Schwächen" einer Rasse zu arbeiten, d. h. einen schnellen Hund langsam zu arbeiten und einen langsameren Hund schneller zu machen.

Geeignet ist das Longieren aber gerade auch für Hunde, die kein oder nur wenig Interesse an ihren Menschen haben oder aber übertrieben aufdringlich sind. Jagdlich motivierte Hunde können durch das Training dazu gebracht werden, den Fokus weg von Außenreizen und hin zum eigenen Menschen zu verlagern. Und ängstliche Hunde lernen schlussendlich, sich am Menschen zu orientieren und ihm zu vertrauen.

Aus all diesen Gründen ist das Longieren für jeden Hund geeignet und kann in Ergänzung zu einer guten Verhaltensberatung- und begleitung zu deutlichen und positiven Veränderungen in vielen Bereichen führen.

Sie können auch mit älteren Hunden Longieren. Schließlich kommt es nicht auf die Geschwindigkeit, sondern auf die Genauigkeit der vereinbarten bzw. vorgegebenen Konditionen an.

## WAS KANN ICH MIT DEM LONGIEREN ERREICHEN?

Die menschliche Körpersprache ist oft undeutlich oder sogar kontrovers zu dem, was verbal gesagt wird. Dadurch wird die Kommunikation zwischen Mensch und Hund häufig erschwert oder gestört.

### Analyse der Körpersprache

Beim Longieren wird daher in erster Linie auf die menschliche Körpersprache geachtet, Sie und Ihre Wirkung werden analysiert. Sie lernen, sich bewusst zu bewegen und zu verhalten, um für Ihren Hund verständlich zu sein. Damit Ihr Hund Sie versteht, müssen Sie natürlich nicht nur Ihre, sondern auch die Körpersprache Ihres Hundes kennen und erkennen. Im Zusammenspiel schließlich soll die Kommunikation zwischen Ihnen und Ihrem Hund mithilfe des Longierens besser funktionieren. Ihr Hund kann Ihnen glauben und vertrauen, sodass er sich aufmerksam leiten lässt und Grenzen und Tabuzonen akzeptiert.

### Gemeinsamer Kommunikations-Code

Damit eine solche Interaktion zwischen Ihnen und Ihrem Hund überhaupt entstehen kann, muss zuerst eine gemeinsame Sprache bzw. ein Kommunikations-Code festgelegt werden. Das soll natürlich nicht heißen, dass Sie oder Ihr Hund eine neue Sprache erlernen sollen oder müssen.

Das bei beiden Gesprächsteilnehmern, also bei Ihnen und Ihrem Hund, vorhandene Potential und Repertoire muss nur aufeinander abgestimmt und bewusst eingesetzt werden. In erster Linie heißt das, dass vor allem der Mensch wieder erlernen oder lernen muss, seine eigene Körpersprache bewusst wahrzunehmen und diese gezielt einzusetzen. Der Hund hingegen muss häufig nur wieder lernen, genau auf die körpersprachlichen Ansagen des Menschen zu achten.

*Info*

**DER MENSCH LERNT**

- seine Körpersprache zur Kommunikation mit dem Hund zu nutzen,
- die Bindung zum Hund zu verbessern,
- dem Hund Grenzen und Tabuzonen zu setzen,
- die Körpersprache des Hundes zu erkennen und zu verstehen.

**DER HUND LERNT**

- den Menschen und seine Körpersprache zu verstehen,
- auf seinen Menschen und dessen Körpersprache zu achten,
- dem Menschen zu vertrauen,
- die Bindung zum Menschen zuzulassen,
- sich vom Menschen leiten zu lassen und
- Grenzen und Tabuzonen zu akzeptieren.

**VORÜBUNG** Von Mensch zu Mensch lassen sich viele Fragestellungen direkt am Kreis beantworten.

# Kommunikation in Perfektion

Pedro und Sara hatten bereits das ein oder andere voneinander gelesen bzw. gehört, persönlich kennengelernt hatten sie sich jedoch bis dato noch nicht.
Zufällig begegneten sie einander an einem der beliebtesten Treffpunkte der Stadt. Nach einer kurzen und sehr freundlichen Begrüßung, entstand zwischen den beiden ein offenes und freudiges Gespräch. Dabei schaute Pedro Sara für einen kurzen Moment an, verlagerte sein Gewicht und setzte sich dann in Bewegung. Sara verstand die Einladung sofort und folgte den Bewegungen fast spiegelbildlich. In der Folge wurden das Tempo und die Richtung immer wieder geändert, den dynamischen Phasen folgten statische. Mal waren die beiden ganz dicht beieinander, mal ganz weit voneinander entfernt.
Jede einzelne der Bewegungen sah spielerisch und fließend aus, dennoch hatte man nicht den Eindruck, dass die beiden Abläufe auswendig gelernt hätten. Häufig reihten sich wiederholende Bewegungen an völlig andersartige, fast improvisiert wirkende. Verbalisierte Anweisungen waren nicht zu vernehmen. Diese wären vom anderen sicherlich auch nicht verstanden worden, da Pedro, aus Südamerika stammend, ausschließlich spanisch und Sara, aus Algerien kommend, lediglich arabisch sprach. Aber dennoch verloren sie einander nie.
Pedro und Sara tanzen Tango, so wie er an unzähligen Plätzen in Buenos Aires getanzt wird. Er besteht aus wenigen Grundschritten, alles andere ist klare körpersprachliche Kommunikation und folgt physikalischen Gesetzen.

**ICH BIN BEI DIR** signalisiert der Hund mit seinem Blick und seiner Körpersprache.

Pedro und Sara könnten ebenso Pelle und Mika sein – zwei Hunde, die nachmittags auf der Hundewiese plötzlich aufeinandertreffen. Sie beschnuppern sich kurz, klären ein paar Grundsätzlichkeiten und gehen anschließend gemeinsam ein Stück des Weges. Vom Rand der Wiese aus betrachtet, wirken die beiden wie ein eingespieltes Team. Für diesen Moment sind sie es auch: Die „Unterhaltung" funktioniert, weil beide Hunde klar und deutlich miteinander kommunizieren.

*Wäre es nicht schön, wenn Sie und Ihr Hund auch so miteinander tanzen könnten wie Pedro und Sara? Wenn Sie und Ihr Hund ebenfalls nonverbal miteinander kommunizieren könnten? Das körpersprachliche Longieren ebnet Ihnen den Weg zu dieser Kommunikation in Perfektion.*

**SPIEGELBILDLICHE BEWEGUNG** von Mensch und Hund.

**MENSCH UND HUND** im perfekten Einklang miteinander.

Bevor es losgeht

# NÄHE UND BERÜHRUNG

# Kreisförmige Kommunikation

Körpersprachliches Longieren ist – wie bereits erwähnt – eine konzentrierte Beziehungsarbeit zwischen Ihnen und Ihrem Hund an einem Kreis. Ihr Hund wird dabei an einer 1,5- bis 3-Meter-Leine von Ihnen am Kreis geführt. Wenn Sie bereits etwas Übung haben, longieren Sie Ihren Hund dann ohne Leine.
Der Abstand zwischen Ihnen und Ihrem Hund beträgt zu Beginn ca. 1 bis 2 Meter. Dabei läuft Ihr Hund außerhalb des Kreises, Sie laufen innerhalb.
So weit wie möglich, läuft das Longieren nonverbal ab. Versuchen Sie, Ihren Hund allein durch Ihre Körpersprache in Bewegung zu setzen oder ihn zu stoppen.

## WIEDERKEHRENDER ABLAUF

Der Ablauf ist dabei fast immer gleich: Kurz vor dem Start schauen Sie Ihren Hund für einen Augenblick an, Ihr Blick fungiert dabei als Einladung zur Kommunikation. Dann drehen Sie sich in eine Richtung, beispielsweise nach rechts, und gehen los, bauen Tempoänderungen ein oder bleiben einfach stehen. Ihrem Hund machen Sie damit ein Angebot zur Kommunikation, dem er gerne folgen wird.

## GEMEINSAMES GESPRÄCH

Nun denken Sie vielleicht: „Oh je, mein armer Hund, der darf ja gar nichts, ich bestimme alles, jeden Schritt." Einerseits haben Sie recht – das eigene Ziel zu verfolgen, kann sehr egoistisch sein. Andererseits sprechen Sie Ihren Hund und damit Ihren Gesprächspartner ja höflich und klar an und erklären ihm den Weg. Daraus entspringt viel Sympathie. Körpersprachliches Longieren ist in vielen Fällen ein Grenzgang zwischen Erziehung und Beschäftigung, wobei aus meiner Sicht jede Beschäftigung nur dann wirklich und nachhaltig Spaß bereitet, wenn man nicht immer wieder über grundsätzliche Themen diskutieren muss. Vielleicht erinnern Sie sich noch an Spieleabende innerhalb der Familie oder mit Freunden, wo jeder, so wie es ihm gerade passte, die Spielregeln immer wieder geändert hat – und das immer nur zu seinen Gunsten.
Damit es mit dem Hund nicht auch zu immer neuen, vom Hund festgelegten Spielregeln kommt, sollten die grundsätzlichen Regeln miteinander besprochen sein. Das heißt natürlich nicht, dass der Hund auch noch mal nachverhandeln darf.
Es soll ein Treffen unter Freunden werden und ein Gespräch zwischen Mensch und Hund entstehen, so wie es früher häufig als Hobby in Freundschaftsbüchern beschrieben wurde. Sie erinnern sich: Freundschaftsbücher waren so etwas Ähnliches wie Poesiealben, jedoch mit verschiedenen Fragen nach Alter, Lieblingsessen, Hobbys und Freundschaften. Viele gaben dort Freunde treffen, quatschen und gemeinsam um die Häuser ziehen an. Gespräche führen als Hobby – warum nicht? Und warum nicht mit dem eigenen Hund. Auch das „Miteinander-Bewegen" darf als Hobby bzw. Beschäftigung gesehen werden. Sie werden sehen, wie viele tolle Augenblicke zwischen Ihnen und Ihrem Hund entstehen, insbesondere wenn Sie spüren, dass Ihr Hund Ihr Gesprächsangebot annimmt, ihr gemeinsames Gespräch ruhen und kurz darauf wieder fließend weitergehen kann.

## ENTDECKUNG DER LANGSAMKEIT

Wir leben heute in einer Coffee-to-go-Gesellschaft, gerne würden wir gleichzeitig telefonieren, Kaffee trinken und mit dem Hund

*Info*

**LONGIEREN ALS FREMDSPRACHE**
**Stellen Sie sich das körpersprachliche Longieren wie die Unterhaltung in einer Fremdsprache vor: Um die Fremdsprache zu erlernen, müssen Sie zuerst die Vokabeln und die Grammatik beherrschen. Wenn beides sitzt, bekommen Sie ein Gespür für die Sprache, Sie beginnen in der Sprache zu denken und sich in Gesprächen sicher zu fühlen.**

rausgehen. Nur leider geht dieser Wunsch häufig an den tatsächlichen Bedürfnissen einer Mensch-Hund-Beziehung vorbei. Das Longieren ist sozusagen der per Hand aufgebrühte Kaffee, bei dem man sich für das Gemeinsame Zeit nimmt: Du hörst mir zu, aber auch ich höre Dir zu. Die Entdeckung der Langsamkeit, aber auch das Raumgeben für das Miteinander.

## EIN BLIND DATE MIT IHREM HUND

Ihr erstes Longieren können Sie sich wie ein „Blind Date" vorstellen. Dementsprechend können Sie die Kommunikation höflich oder unhöflich gestalten. Wenn aus Ihrem „Blind Date" jedoch mehr als nur ein kurzer Flirt werden soll, gibt es für Sie einige Dinge, die Sie beachten sollten. Sie sollten sich im Klaren darüber sein, wie Sie sich selbst bewegen wollen. Denn wenn Ihre Bewegungen klar und deutlich werden, merken Sie, ob Ihr Gegenüber mit Ihnen ins Gespräch kommt und diesem auch langfristig folgen kann.
Letztendlich können Sie das körpersprachliche Longieren aus zwei Blickwinkeln betrachten: Sie können es als eine Technik betrachten, mit der Sie Ihren Hund körperlich und geistig auslasten, oder als eine Variante von Beziehungsarbeit. Letztendlich ist es eine Kombination aus beiden Aspekten.

## DAS BRAUCHEN SIE ZUM LONGIEREN

### Der Longierkreis

Für den Longierkreis gibt es keinen fest- oder vorgeschriebenen Durchmesser. Bei der praktischen Arbeit hat sich jedoch ein Durchmesser von 10 bis 12 Metern mit einem Umfang von ca. 35 Metern als sinnvolle Größe etabliert. Diese Größe ist mindestens notwendig, damit der Mensch sich aufrecht bewegen kann.

### Zubehör

Für den Aufbau eines solchen Kreises benötigen Sie ca. 20 handelsübliche Campingheringe, ca. 50 bis 80 Meter Absperrband, und gerade in der Anfangszeit, Rundbögen, da diese das Einfädeln der Longe an den Heringen verhindern (siehe Foto Seite 21).
Die Heringe sollten soweit in den Boden eingebracht werden, dass das Flatterband gerade einmal 5 bis 15 cm über dem Boden gespannt werden kann.
Der Kreis dient vor allem dem Menschen als Orientierungshilfe, der Hund braucht ihn nicht. Alternativ können Sie den Kreis aber

*Checkliste*

**LONGIERZUBEHÖR AUF EINEN BLICK**

- [ ] 25 bis 30 Zentimeter lange Zeltheringe und Rundbögen; ca. 20 Stück für einen Kreis mit einem Durchmesser von 10 bis 12 Metern und einem Umfang von ca. 35 Metern
- [ ] Eine Rolle Absperrband
- [ ] Alternativ zu Heringen und Absperrband: gelbe Drainagerohre, ca. 35 Meter
- [ ] 1,5 bis 3 Meter lange Leine zum Longieren
- [ ] Gut sitzendes Halsband

**MATERIAL** **im Überblick: Zeltheringe, Rundbögen, Absperrband, Longierleine und Halsband.**

**AUFBAU** **Die Rundbögen werden in den Boden über die Heringe gesteckt.**

natürlich auch mit Pylonen oder anderen Gegenständen aufbauen. Ganz minimalistisch betrachtet, würde schon eine kreisförmige Markierung auf dem Boden ausreichen.

## Halsband oder Geschirr?

Ob Ihr Hund für das Longieren ein Halsband oder ein Geschirr trägt, ist nicht entscheidend. Das Halsband hat jedoch den Vorteil, dass gewisse Handlungsabläufe und Impulse unmittelbarer wahrgenommen und/oder umgesetzt werden können.
Daher ist es meine persönliche Meinung, dass ein festes und gut sitzendes Halsband für das Longieren am besten geeignet ist.

Auf lange Sicht soll Ihr Hund durch den gezielten Aufbau lernen, auf Ihre körpersprachlichen Signale zu reagieren. Eine andauernde Impulsgebung ist daher weder über das Halsband noch über das Geschirr gewünscht und nötig. Die Leine, sofern noch am Hund, dient in erster Linie als „Kontroll- und Informationsorgan", denn wenn sich die Leine strafft, hat sich der Hund, aus welchem Grund auch immer, verloren und sollte vom Menschen wieder angesprochen werden. Mit dem Hund an der Leine kennen Sie seine Position, ohne hinzusehen. Die Leine verrät Ihnen im Detail, ob Ihr Hund sich neben, hinter oder vor Ihnen befindet.

# Motivation und Lernatmosphäre

## MOTIVATION DES HUNDES

Motivation ist wichtig. Gerade dann, wenn etwas Neues gelernt werden soll. Das gilt für Sie genauso wie für Ihren Hund. Wenn möglich, sollten Sie Ihren Hund allein durch Körpersprache und Ihre Stimme motivieren. Reicht das nicht, sind Futter und andere Motivationshilfen nicht generell verboten (siehe auch Seite 24, 25). Sie sollten lediglich sehr sparsam und bewusst damit umgehen. Haben Sie bisher nie probiert, Ihren Hund rein körpersprachlich zu motivieren oder sich mit ihm auf diese Art und Weise zu unterhalten, könnte es zu Beginn kniffelig werden. Lassen Sie sich davon aber nicht abschrecken. Sie betreten nun eventuell eine neue Bühne, ein neues Tanzparkett. Freuen Sie sich darauf.

### Longieren ist anstrengend

Auch wenn es Ihnen nicht bewusst ist: Das Longieren ist für Ihren Hund, gerade in der Lernphase, geistig und körperlich sehr anstrengend. Anfangs reichen schon fünf Minuten Longiertraining, ein trainierter Hund kann durchaus zehn Minuten und länger am Stück gehen. Steigern Sie die Dauer der Longiereinheiten nur langsam, um Ihren Hund nicht zu überfordern.

Es ist nicht nur die Bewegung, die für Ihren Hund anstrengend ist: Während des Longierens achtet er permanent auf Sie und Ihre Körpersprache. Ihr Hund weiß genau, dass eine Bewegung zwar von Ihren Füßen ausgeführt wird, sich jedoch schon in Ihrem Oberkörper ankündigt. Achten Sie also u.a. auch auf das Gangbild Ihres Hundes. Die anstrengende Kopfarbeit führt häufig zu einer Veränderung des Gangbildes. Ihr erschöpfter Hund läuft dann im Pass. Er springt dabei von einem seitlichen Beinpaar auf das andere. Wackelt dazu noch der Oberkörper seitlich hin und her, sollten Sie spätestens eine Pause einlegen.

### Pausen

Kleine Pausen zwischen den Longiereinheiten sind daher ein Muss. Bieten Sie Ihrem Hund etwas zu trinken an und lassen Sie ihn in diesen Pausen nicht wild herumtoben. Ihr Hund erholt sich sonst nicht, er dreht auf oder verpulvert seine Energie und Konzentration, die er für die nächste Longiereinheit bräuchte.

Der richtige Moment für eine Pause ist immer dann gekommen, wenn Ihr Hund gerade besonders gut mitarbeitet. Sagt Ihnen Ihr Bauchgefühl, dass eine weitere Runde auf jeden Fall noch drin ist, sollten Sie eine Pause machen. In diesem Augenblick ist Ihr Hund konzentriert, motiviert und voll und ganz bei der Sache. Wenn Sie jetzt weiter longieren, könnte seine Konzentrationsfähigkeit nachlassen und seine Motivation schwinden.

Weniger ist meistens mehr: Deshalb sollten die Trainingseinheiten systematisch und kleinschrittig aufgebaut werden. Kurze Durchgänge und nur wenige Wiederholungen einzelner Longierelemente sind häufig das Erfolgsrezept für ein gemeinsames, aufmerksames, hochkonzentriertes und nachhaltiges Gespräch am Kreis.

*Tipp*

**URSACHENFORSCHUNG**

Wirkt Ihr Hund lustlos, antriebslos und wendet er sich permanent anderen Dingen zu, verzweifeln Sie nicht und verlieren Sie nicht die Geduld. Suchen Sie lieber nach den Ursachen. Vielleicht verlangen Sie zu viel von Ihrem Hund? Vielleicht sind Sie ungenau in der Art Ihrer Ansprache oder in Ihrer Körpersprache generell? Finden Sie es heraus. Wenn nötig, gehen Sie einen Trainingsschritt zurück und loben Sie Ihren Hund, wenn etwas gut klappt – das motiviert.

## PASSENDER LONGIERPLATZ

Erfolgreich und gewinnbringend für Sie und Ihren Hund kann das Longieren nur dann sein, wenn die Rahmenbedingungen stimmen. Wählen Sie Ihren Longierplatz so, dass Sie und Ihr Hund sich gut aufeinander konzentrieren können. Eine stark befahrene Straße direkt neben Ihrem Longierplatz ist sicherlich keine gute Idee.

## AUTHENTISCH SEIN

Besonders wichtig ist, dass die Stimmung zwischen Ihnen und Ihrem Hund gut und positiv ist, bevor es an den Start geht. Verschieben Sie das Longiertraining, wenn Sie schlecht gelaunt, gestresst oder krank sind. Unter solchen Bedingungen sind Frust und Ärger vorprogrammiert. Hunde reagieren auf Stimmungen und Emotionsschwankungen sehr sensibel und der eine oder andere Vierbeiner ist in solch einer Situation nur noch bedingt aufnahmefähig.

Ist Ihr Hund „schlecht drauf", sollten Sie das Longieren ebenfalls verschieben. Es sei denn, Sie sind der absolute Stimmungsmacher im positiven Sinne und können das Stimmungsbarometer wenden.

Die Stimmung muss aber auch nicht überzogen sein, Sie müssen natürlich nicht die Pappnase aufsetzen und übermäßig Stimmung machen. Seien Sie authentisch und glaubhaft. Und bedenken Sie: Gute Stimmung beim Hund drückt sich nicht immer durch eine wedelnde Rute aus.

Ihr Hund wird Ihre konzentrierte Stimmung gerade zum Einstieg bemerken und sich vielleicht gerade dieser Stimmung unauffällig anpassen.

Das ist auch gar nicht weiter schlimm, denn auch bei einer konzentrierten Stimmung kann positive Energie versprüht werden. Bei Ihren ersten Fahrstunden haben Sie sicherlich auch nicht immer ein fröhliches und aufgeschlossenes Gesicht gemacht und die Stimmung im Auto war bestimmt auch nicht immer freundlich. Dennoch schaffen Sie es heute zu singen, zu lachen und Gespräche während der Fahrt zu führen. Auch beim Autofahren kommt es aber bis heute vor, dass die Stimmung zwischendurch wieder abfällt und dennoch eine Fahrt an ihr Ziel führt.

**KONZENTRIERTE GRUNDHALTUNG** Der Mensch steht im stabilen Stand und der Hund hört aufmerksam zu.

**DYNAMISCHE BEWEGUNG** Das Ziel vor Augen und dem Kreis folgend.

**FUTTEREINSATZ** **Synchronisation von Futtergabe und Körpersprache.**

## FÜHREN UND FOLGEN

Trotz guter Lernatmosphäre und ganz viel Motivation Ihrerseits, können beim Longieren Grundthemen aller Art zwischen Ihnen und Ihrem Hund auftreten. Schließlich geht es hier um Führen und Folgen und ganz konkret darum, wer hier die Zügel in der Hand hält. Von In-die-Leine-beißen bis hin zu Attacken gegen Ihre Person kann theoretisch alles dabei sein.
Longieren kann, falsch ausgeführt, wortwörtlich auch die „Büchse der Pandora" öffnen. Denn bei einem intensiven persönlichen Gespräch, dem Longieren, wird der Führungsanspruch Ihrerseits mehrfach deutlich formuliert. Nicht immer kommt das bei Ihrem Hund gut an. Erst recht dann nicht, wenn alles vorher anders war.

**Wichtig:** Die Bearbeitung der aufgeführten Probleme sollte nicht beim Körpersprachlichen Longieren, sondern bei einer guten und ergänzenden Verhaltensberatung angegangen werden. Kontaktieren Sie dazu einen versierten Trainer.

## MOTIVATIONSHILFEN

Während des Longierens arbeite ich in der Regel weder mit Futter noch mit anderen Motivationshilfen. Beim Einsatz von Hilfsmitteln wird die Körpersprache häufig allein aufgrund der Darreichung der Mittel widersprüchlich. Die Gabe von Leckerli und sonstigen Motivationshilfen ist daher eher kontraproduktiv und für eine gute Arbeit selten notwendig. Der Mensch sollte Motivation genug sein.
Es gibt aber tatsächlich Menschen, die nur zwei Stimmungslagen im Umgang mit ihrem Hund kennen: „Super gemacht" oder „Lass das". Diesen Menschen hilft häufig die Gabe von Futter nach einer Trainingseinheit. Ich versuche jedoch, an den Stimmungslagen zwischen „Super gemacht" und „Lass das" zu arbeiten. Wenn ich den Menschen diesbezüglich „ändern" kann, dann braucht dieser auch keine Motivationshilfen mehr.

### Futter als Motivationshilfe

Arbeiten Sie mit Futter, müssen Sie das auf jeden Fall körpersprachlich richtig kommunizieren. Konkret bedeutet das: Das, was Sie

**KÖRPERKONTAKT** **Lob durch Berührung.**

Ihrem Hund körpersprachlich sagen möchten, unterstützen Sie mit der Gabe von Futter. Körpersprache und Futter müssen die gleiche Sprache sprechen.
Dies ist z. B. der Fall, wenn Sie Futter nach einem synchronen Stopp von Ihnen und Ihrem Hund reichen. Gehen Sie nach dem Stopp zum Kreisrand, hocken Sie sich auf den Boden und geben Sie Ihrem Hund mit der einen Hand das Futter, mit der anderen streicheln Sie ihn. Achten Sie darauf, dass das Streicheln und die Gabe des Futters möglichst nah am Kreisrand stattfinden. Das Streicheln ist eine sogenannte soziopositive Handlung (also eine körpersprachliche Belohnung) und sollte dabei nach und nach im Vordergrund stehen. Reichen Sie Futter und Belohnung immer in einer Miteinander-Situation. Wichtig ist, dass das WIR im Vordergrund steht und nicht das Futter allein.

## Futter zur Kontaktaufnahme

Futter eignet sich darüber hinaus auch zur Kontaktaufnahme. Gerade bei unsicheren oder von Außenreizen stark abgelenkten Hunden kann Futter regelrecht als „Türöffner“ fungieren. Sinn macht die Gabe von Futter in diesem Zusammenhang aber nur, wenn der Hund im weiteren Trainingsverlauf nicht nur noch auf das Futter fixiert ist oder nach der Futtergabe sofort wieder abschaltet. Schließlich geht es hier nicht um einen Dressur-, sondern um einen Beziehungsakt.

## Spielzeug als Motivationshilfe

Gleiches gilt, wenn Sie Spielzeug als Motivationshilfe einsetzen möchten. Ist Ihr Hund ein echter „Spielzeugjunkie“, sollten Sie sehr sparsam mit dem Einsatz von Wurfgeschossen jeglicher Art umgehen oder diese komplett aus dem Training verbannen. Es kann regelrecht in Stress für Ihren Hund ausarten, wenn dieser beim Anblick eines Spielzeugs nur noch an ein wildes Spiel denken kann. Andere Dinge, z. B. Sie und Ihr Gesprächsangebot, kann er dann nicht mehr annehmen. Bedenken Sie außerdem, dass es doch sehr fragwürdig ist, Ihrem Hund zu Belohnungszwecken etwas wegzuwerfen. Sie treiben ihn damit von sich weg, obwohl Sie während der gemeinsamen Arbeit eigentlich gerade ein zugewandtes Gespräch führen wollten.

# Leine und Leinenführung

Die korrekte Handhabung der Leine ist wichtig, damit die Kommunikation zwischen Ihnen und Ihrem Hund so reibungslos wie möglich funktioniert.

## DER „DIREKTE DRAHT" ZU IHREM HUND"

Gerade zu Beginn des körpersprachlichen Longierens dient Ihnen die Leine als „direkter Draht" zu Ihrem Hund. Sie soll Ihnen ein Gefühl dafür geben, wo Ihr Hund sich gerade befindet. Lässt Ihr Hund sich beispielsweise während des Laufens zurückfallen, strafft sich die Leine und Sie spüren den Widerstand. Sie bemerken also, wenn es in der Kommunikation hakt und müssen Ihren Hund nicht permanent anschauen, um zu bemerken, was er gerade tut. Sie könnten ihn in dieser Situation nochmals freundlich ansprechen und ihn in die gewünschte Position führen.

Läuft Ihr Hund hingegen an lockerer Leine und auf Schulterhöhe, ist alles optimal. Sie und Ihr Hund bewegen sich in diesem Fall spiegelbildlich miteinander.

Wichtig ist, dass Sie Ihre Leine während eines Trainingsdurchlaufs nicht verlängern. Es wird für Sie sonst immer schwieriger, Ihren Hund auf Schulterhöhe zu bekommen. Als gute Trainingslänge hat sich, gerade zu Beginn, eine Leinenlänge von 1,5 bis 2 Meter erwiesen. Die Leine ist immer in der Hand bzw. auf der Seite, auf der auch der Hund ist. Damit verhindern Sie, dass Ihr Oberkörper beim Öffnen von der Leine gestört wird. Ihre Arme sollten dabei dicht an Ihrem Körper sein, damit Sie Ihren Hund nicht über Ihren Arm ausblocken. Das Halten der Arme vor dem Körper gibt gerade Longieranfängern die Möglichkeit, zu verhindern, dass die Arme die Bewegung des Körpers blocken. Wichtig ist immer, dass die Schultern locker und nicht verspannt sind. Bei der von mir bevorzugten Haltung (sie kommt aus dem Kung-Fu bzw. Tai Chi) sind die Achseln nicht in Kontakt mit dem Körper, Luft kann somit hindurchfliegen.

Die Leine sollte außerdem leicht durchhängen, aber weder schleifen noch spannen, und bleibt zunächst auf einer Länge, wird also nicht bei einem Durchgang verlängert.

Ihr Hund sollte an lockerer Leine parallel auf Schulterhöhe laufen. Verliert sich Ihr Hund, bekommen Sie diese Information automatisch über die Leine bzw. über einen Zug an der Leine übermittelt. Sie können Ihren Hund darauf hin erneut und unmittelbar ansprechen. Würden Sie Ihrem Hund immer mehr „Leine geben", wäre die Unmittelbarkeit verschwunden.

**DURCHHÄNGENDE LEINE** Ist die Leine locker, ist die Kommunikation im Fluss.

**VOLLE KONZENTRATION** Aufmerksamkeit und Blick des Hundes sind voll und ganz beim Menschen.

## LEINE ALS GRADMESSER FÜR DEN KOMMUNIKATIOSFLUSS

Und nun ganz konkret: Möchten Sie beispielsweise rechtsherum laufen, nehmen Sie die Leine in die linke Hand. Ihre rechte Hand bzw. Ihr rechter Arm schwingt gleichzeitig locker am Körper mit. Grundsätzlich können Sie sich merken, dass die Leine immer in der Hand ist, die zum Hund geneigt ist.
Würden Sie die Leine beispielsweise in die rechte Hand nehmen, wenn Sie rechtsherum laufen möchten, kann Ihr Oberkörper die öffnende Bewegung hin zu Ihrem Hund nicht vollständig durchführen. Es gäbe einen Bruch in der Bewegung und die reibungslose Kommunikation zwischen Ihnen und Ihrem Hund wäre unterbrochen. Weder nach vorne noch nach hinten sollte die Leine als Korrektiv oder als klassisches Hilfsmittel genutzt werden. Betrachten Sie die Leine vielmehr als Gradmesser, der Ihnen ein Gespür dafür gibt, wie es gerade um den Kommunikationsfluss zwischen Ihnen und Ihrem Hund bestellt ist. Die Leine ist die Verkörperung der analogen Kommunikation in unserer digitalen Welt.

*Tipp*

**TRAININGSLEINE VERWENDEN**

Benutzen Sie zum Longieren eine Leine, die Sie nicht für andere Tätigkeiten oder im Alltag verwenden. Die richtige Handhabung fällt Ihnen so leichter und Automatismen (Sie greifen beispielsweise immer in die zweite Schlaufe) werden allein durch die andere Haptik reduziert.

# Die Arbeit am Kreis

## DER KREIS ALS ORIENTIERUNGSHILFE

Der Kreis dient in erster Linie dem Menschen als Orientierungshilfe und ist keine Barriere für den Hund. Denn nur, wenn der Mensch sich strukturiert und orientiert bewegt, kann und wird der Hund ihm auch folgen. Selbst Hunde, die sonst nicht leinenführig sind, laufen beim Longieren gerne neben ihrem Menschen, wenn dieser klar und deutlich die Führung übernimmt. Im Umkehrschluss bedeutet das, dass das Longiertraining eine gute Vorbereitung und Unterstützung für den Alltag sein kann. Das soll nicht heißen, dass Sie zukünftig andauernd kreisförmig durch die Gegend gehen müssen, sondern dass Sie sich andere Hilfen suchen, an denen Sie sich orientieren können.

## KONTROLLE UND VERTRAUEN

Nicht selten ist es so, dass der Mensch sich unbewusst am Hund orientiert. Diese Orientierung am Hund ist häufig auf Kontrolle zurückzuführen. Beispielsweise sagen Sie das Kommando „Fuß“, glauben aber nicht wirklich, dass Ihr Hund dieses auch befolgt und kontrollieren ihn deshalb bis zur „Grenzübertretung“, indem Sie sich zu ihm umdrehen und ihn anschauen. An dieser Stelle stellt sich dann die Frage, warum sich Ihr Hund an Ihnen orientieren soll, wenn Sie sich schon vor dem ersten Schritt an ihm orientieren.
Ein Bild dafür wäre: Der professionelle Wanderführer packt an der ersten Gabelung eine Landkarte und einen Kompass aus und fragt dann noch nach dem Weg. Würden Sie diesem Wanderführer vertrauen und ihm folgen oder würden Sie eher dem eigenen Weg folgen?
Noch ein wichtiger Grundsatz: Zunächst einmal weiß Ihr Hund nicht, was Sie von ihm möchten. Wenn Sie Ihren Hund also nicht über Ihr Vorhaben informieren, wird das angedachte Gespräch bereits vom ersten Moment an Ihrem Hund „vorbeilaufen“.
Vergleichbar ist dies mit einer Situation im Straßenverkehr, die Sie bestimmt kennen: Der Autofahrer vor Ihnen biegt ohne vorherige Ankündigung ab, er blinkt also nicht. Das ist nicht nett und jeder von uns hat sich schon darüber aufgeregt. Im Umkehrschluss erwarten Sie aber von Ihrem Hund, dass er blitzschnell und jederzeit richtig auf Sie und Ihr Handeln reagiert. Fair Play sollte die Lösung für ein gutes Miteinander von Ihnen und Ihrem Hund sein. Damit das funktioniert, sollten Sie jede Ihrer Handlungen ankündigen und klar und deutlich ausformulieren, jedoch mit der Maßgabe, dass Sie die Reaktion Ihres Hundes nicht kontrollieren. Vertrauen Sie Ihrem Hund und riskieren Sie ein Missverständnis. Auch das kann einen weiterbringen. Wenn Sie wissen, wo Ihr Hund sich möglicherweise verloren hat, können Sie das zum Anlass nehmen, Ihrem Hund zu helfen.

[1]

**STABILER STAND** Der Mensch ist bei sich und der Hund ist (mental) bei seinem Menschen.

## KLARHEIT ALS VORAUSSETZUNG

Die Voraussetzung für alles ist jedoch, dass Sie auch in der Lage sind, mehrfach hintereinander klar und deutlich Ihr Anliegen zu formulieren. Genau das fällt den meisten Menschen allerdings sehr schwer. Aber auch hier gilt: Übung macht den Meister und die Arbeit am Kreis bietet Ihnen genügend Raum und Zeit, die Sie im Alltag häufig nicht haben.

## BEWEGUNGSABLÄUFE PLANEN

Viele Menschen bewegen sich nur noch ökonomisch, aber nicht mehr zwingend logisch. Wenn Sie zum Beispiel frühzeitig wissen, wo Sie stoppen wollen, werden Ihre Bewegungen automatisch klarer und Ihr Stand stabiler. Allein dieser Ablauf fällt jedoch schon vielen Menschen schwer. Am Kreis können alle diese Dinge geübt werden: Hier können Sie Ihre Abläufe und Vorhaben planen und deutlich ausführen. Ihr Hund wird Ihnen ein Feedback geben, indem er aufmerksam guckt und Ihnen sichtbar zuhört.

*Info*

**WIEDERHOLEN VON BEWEGUNGSABLÄUFEN**

Das Wiederholen von Bewegungsabläufen ist zwingend notwendig, da Sie die immer komplexer werdenden und zusammenhängenden Bewegungsabläufe sonst nicht richtig verstehen können. Der Grundsatz bzw. die richtige Reihenfolge der korrekten Bewegungsabfolge muss daher immer wieder erklärt werden: Kopfhaltung, Blick, Schultern, Oberkörper, Bauch, Beine, Füße. Diese Abfolge ist immer gleich, ob nun aus der Statik oder aus der Bewegung, ob aus dem Nah- oder dem Fernbereich.

Damit Sie automatisch auf Bewegungsabläufe zurückgreifen können, müssen Sie diese hunderte Male in gleicher Art und Weise ausführen, damit Sie nicht immer wieder über die Abfolge nachdenken müssen. Somit sind die Wiederholungen der Bewegungsabläufe notwendig, insbesondere wenn die Abläufe zwar gleich sind, aber in unterschiedlichen Situationen (im Nahbereich und in der Distanz) abgerufen werden sollen.

[2]

**ANSPRACHE** Gewichtsverlagerung des Oberkörpers zum Hund.

[3]

**ÖFFNENDE BEWEGUNG** Hund und Mensch öffnen spiegelbildlich.

[1]

**ABSETZEN** Der Hund wird körpersprachlich ins Sitz gebracht.

[2]

**WEGGEHEN** Blick nach oben heraus und nach hinten entfernen.

[3]

**ANSPRACHE** Verlagerung des Oberkörpers zum Hund.

# Die Aufmerksamkeit des Hundes überprüfen

Damit das körperliche Longieren auch wirklich gut klappt, ist es wichtig, dass Ihr Hund aufmerksam ist und Ihnen zuhört. Das bedeutet allerdings nicht, dass Sie ständig um seine Aufmerksamkeit buhlen sollten – im Gegenteil. Ihr Hund soll sich an Ihnen orientieren und auf Sie achten. Dazu ist es sinnvoll, ihn erstmal in eine stabile Position zu bringen.

*Info*

**KURZ & KOMPAKT – KURZFORMEL**

Die Kurzformel für diesen Wechsel von Nähe zu Distanz und wieder zur Nähe:

1. Sie bringen Ihren Hund ins Sitz,
2. nehmen Ihren Blick weg von Ihrem Hund,
3. entfernen sich ca. 2 Meter von Ihrem Hund,
4. um ihn einen Moment später durch Blick und Körpersprache wieder zu sich einzuladen.
5. Ihr Hund kommt daraufhin ganz nah zu Ihnen.

Legitim und sinnvoll ist es allerdings, dass Sie von Zeit zu Zeit die Aufmerksamkeit Ihres Hundes überprüfen. Um dies zu tun, gibt es einige Übungen. Alle Übungen werden zuerst am Idealfall erklärt, erst im Nachgang werden mögliche Fehlerquellen analysiert.

## VORÜBUNG

### Setzen, weggehen und zu sich einladen

Sie stellen sich frontal gegenüber Ihrem angeleinten Hund auf. Dann wird Ihr Hund durch Ihren Blick und eine leichte Gewichtsverlagerung Ihres Körpers (leichte Schrittstellung der Beine, wobei die Last nur auf dem vorderen Bein liegt) ins Sitz gebracht.
Sitzt Ihr Hund, nehmen Sie Ihren Blick sofort nach oben heraus und verlagern Ihren Körperschwerpunkt leicht nach hinten, weg von Ihrem Hund, vergleichbar mit einem Wiegeschritt beim Tanzen. Gehen Sie nun ca. 2 Meter rückwärts und damit weg von Ihrem Hund. In ca. 2 Metern Entfernung angekom-

**ÖFFNEN** Gewichtsverlagerung seitlich vom Hund weg.

**DEN BLICK HERAUSNEHMEN** Der Blick geht vom Hund weg, ganz nah vor den eigenen Körper.

**ZUSAMMENKUNFT** Der Hund kommt nah heran, sucht Kontakt beim Menschen.

**BERÜHRUNG UND KÖRPERKONTAKT** Das Streicheln des Hundes als Lob.

men, stehen Sie zunächst wieder frontal zu Ihrem Hund, ohne diesen jedoch direkt anzuschauen.

Erst wenn Sie bereit sind, Ihren Hund zu sich zu rufen, schauen Sie ihn an und sprechen ihn gleichzeitig durch eine leichte Verlagerung Ihres Körpers in Richtung Ihres Hundes an. Nach dieser Ansprache wird Ihr Hund durch eine Gewichtsverlagerung nach hinten – wieder ein Wiegeschritt – ganz nah zu Ihnen eingeladen. Ihr Blick wird dabei von Ihrem Hund zu Ihren eigenen Füßen gezogen.

Ist Ihr Hund bei Ihnen angekommen, gehen Sie in die Hocke, begrüßen und streicheln Sie ihn. Im besten Fall passt kein Blatt Papier zwischen Sie und Ihren Hund.

## FORTFÜHRENDE ÜBUNG 1

### Gehen, eindrehen, weitergehen

Sie und Ihr Hund gehen nebeneinander her, also praktisch Schulter an Schulter. Sie stoppen ab und drehen sich dabei dynamisch zu Ihrem Hund ein und schauen ihn während dieses Vorgangs an.

### Aus der Bewegung

Sie führen Ihren Hund wieder an einer 2 Meter langen Leine und gehen parallel zu Ihrem Hund – Schulter an Schulter. Aus der Bewegung heraus drehen Sie sich um ca. 90 Grad in Richtung Ihres Hundes in eine parallele Fußstellung. Dabei wird Ihr Blick auf Ihren Hund geführt und bringt diesen zum Stehen. Anschließend nehmen Sie Ihren Blick nach oben weg und entfernen sich wieder eine Leinenlänge von Ihrem Hund. Die Einladung zur Nähe erfolgt wie in der Vorübung (siehe Seite 30).
Dabei verlagern Sie Ihr Gewicht wieder leicht in Richtung Ihres Hundes. Ihre Beine stehen parallel und Ihr Gewicht verlagert sich auf Ihre Fußballen nach vorne. Ihr gesamter Körper ist dabei angespannt. Ihr Hund kommt dann frontal vor Ihnen zum Stehen. Sie machen nämlich nur eine 90-Grad-Drehung zum Hund. Ihr Blick geht nur kurz auf den Boden. Sobald Ihr Hund stehen bleibt, nehmen Sie Ihren Blick wieder aus der Situation, schauen also wieder nach oben.

## FORTFÜHRENDE ÜBUNG 2

### An gerader Linie

Diese Übung erfolgt an einer 10 Meter langen Grenzlinie, z. B. an einer auf den Boden gelegte Schleppleine. Ihr Hund wird wieder an einer 2-Meter-Leine geführt. Sie und Ihr Hund gehen nun gemeinsam zu dieser Grenzlinie, an welcher Ihr Hund, wie in der fortführenden Übung, zum Stehen gebracht wird. Sie entfernen sich nun auf die gegenüberliegende Seite der Schleppleine, weil es bei dieser Übung eben nicht um das Einladen zu körperlicher Nähe geht, sondern um das gemeinsame Entlangschreiten an einer Grenzlinie. Die

**GEMEINSAMES GEHEN** Hund und Mensch bewegen sich parallel.

**EINDREHEN** Der Mensch dreht sich zum Hund ein und der Hund schaut den Menschen an.

Einladung zum gemeinsamen Gang erfolgt, wie in den Übungen zuvor, über Blick und Gewichtsverlagerung. Öffnen Sie sich nun in Gangrichtung nach rechts und verlagern Sie Ihr Gewicht auf den rechten Fuß.
Ihr Hund wird Ihnen hierauf spiegelbildlich folgen und sie werden gemeinsam eine Schulter-an-Schulter-Position erreichen. Ihr Blick gleitet von Ihrem Hund in die Bewegungsrichtung nach vorne.

*Wichtig*

**BLICK RICHTIG EINSETZEN**
Wenn Sie Ihren Blick tatsächlich immer nur dann einsetzen, wenn Sie etwas von Ihrem Hund möchten, und ihn sofort wieder lösen, wenn Ihr Hund die gewünschte Handlung zeigt, wird Ihr Hund Ihrem Kommunikationsangebot problemlos folgen können.

**MERKSATZ**
„Du bist gemeint und das werden wir tun."

## FORTFÜHRENDE ÜBUNG 3

Leinen Sie Ihren Hund an einer ca. 2 Meter langen Leine an und stellen Sie sich frontal vor ihn. Ihre Beine stehen parallel zueinander, Sie befinden sich in der Grundposition. Bringen Sie Ihren Hund ins Sitz, indem Sie Ihr Gewicht ein wenig nach vorne verlagern und Ihrem Hund dabei auf den unteren Teil seines Rückens schauen. Sobald Ihr Hund sitzt, lösen Sie Ihren Blick und verlagern Sie Ihr Gewicht durch einen leichten Wiegeschritt nach hinten. Nun entfernen Sie sich eine Leinenlänge von Ihrem Hund und begeben sich in die Grundposition. Als Bewegungseinladung machen Sie jetzt einen Wiegeschritt in Richtung Hund mit Blickrichtung auf den Kopf Ihres Hundes. Anschließend führen Sie Ihren Blick in Kombination mit einer Gewichtsverlagerung nach hinten zu Ihren Füßen. Ziel ist, dass Ihr Hund daraufhin zu Ihnen kommt.

**DISTANZKONTROLLE** Der Hund bewegt sich in leichter Distanz parallel zum Menschen.

**DRANBLEIBEN** Der Abstand bleibt gleich. Der Hund schaut, was der Mensch tut.

Mensch-Mensch-

# ÜBUNGEN

# Trockenübungen

Bevor es mit dem körpersprachlichen Longieren Ihres Hundes losgeht, gilt es vorab für Sie, ein Gefühl für die Verbindung von Blick- und Bewegungsrichtung zu bekommen. Alle Bewegungsabläufe, die Sie bei diesen Übungen erlernen, können Sie später beim Longieren mit Ihrem Hund eins zu eins um- und einsetzen.

## BALL-ÜBUNG

Zwei Menschen stehen sich in einem Abstand von ca. fünf Metern vis-á-vis, also frontal, gegenüber. Der eine soll den Ball werfen, um anschließend in einem Winkel von 90 Grad wegzugehen und der andere soll den Ball nach Möglichkeit fangen. Das hört sich einfach an, ist es aber nicht unbedingt.
Ähnlich wie beim Werfen und Fangen, kommt es beim körpersprachlichen Longieren darauf an, dass Sie sich jede Bewegung ihres Körpers vergegenwärtigen und ihre Konzentration dabei voll und ganz auf ihren eigenen Körper und den Bewegungsablauf legen. Gerade wenn bestimmte Bewegungsabläufe neu oder erstmalig bewusst ausgeführt werden, sollte man sich mit diesen vertraut machen und genau wissen, was man als Nächstes tun möchte.

### Nach rechts gehen

Wenn Sie also nach rechts gehen wollen: Stellen Sie sich zunächst stabil auf beide Füße. Diese sollten dabei etwa hüftbreit und parallel zueinander stehen, der Ball ist in beiden Händen, der Blick ist noch nicht auf den gegenüberstehen „Mitspieler" gerichtet. Sobald Sie bereit sind zu starten, fallen der Blick und der Oberkörper in Richtung des Mitspielers, der Ball wird gespielt und das Gewicht geht in einen leichten Schritt auf den linken Fuß. Dann schwenkt der Blick vom Gegenüberstehenden im rechten Winkel nach rechts. Zeitgleich öffnet die rechte Schulter ebenfalls nach rechts und das Gewicht geht auf das rechte Bein. Wollen Sie nach links gehen, verlagert sich das Gewicht nach vorne auf den rechten Fuß und Öffnung erfolgt dann nach links. Ziel dieser Übung ist die Verinnerlichung eines komplexen Bewegungsablaufes.

**ANSPRACHE** **Im Moment der Oberkörperverlagerung wird der Ball geworfen.**

**ÖFFNEN** des Oberkörpers zur Gesprächsannahme.

**ÖFFNEN** des Oberkörpers zur Gesprächsfortführung.

## TASSEN-ÜBUNG

Bei dieser Übung soll eine Tasse von Mensch zu Mensch gereicht werden. Die Menschen stehen bei dieser Übung zunächst Schulter an Schulter in einem stabilen Stand in einer Reihe nebeneinander. Um die Tasse nach rechts weiterzureichen zu können, sollte sich die Tasse in der rechten Hand befinden. Der Oberkörper öffnet sich nach rechts, dabei verlagert sich das Gewicht auf den rechten Fuß, der Blick geht zum „Annehmenden“, nicht auf die Tasse, und das Kinn bleibt parallel zum Boden. Der „Annehmende“ öffnet seinen Oberkörper nach links und verlagert sein Gewicht auf den linken Fuß. In diesem Moment stehen sich die beiden Mitspieler bzw. ihre Oberkörper nahezu frontal gegenüber.

Nachdem die Tasse mit der linken Hand angenommen wurde, soll diese, wie bereits beschrieben, nach rechts weitergereicht werden.

*Tipp*

**SPÜLMASCHINE**

Eine Handlung bewusst durchzuführen, können Sie ganz einfach zu Hause üben. Räumen Sie Ihre Spülmaschine aus und nehmen Sie jedes einzelne Teil bewusst heraus, gucken Sie es dabei an und verfolgen Sie es mit Ihren Augen, bis Sie es in den Schrank stellen. Dabei verlagern Sie Ihr Gewicht vom ansprechenden Fuß zum Zielort. Beobachten Sie dabei Ihre Schulter.

**ANSPRACHE** Mensch-Mensch.

**GEMEINSAMES** Gehen.

**DYNAMISCHE BEWEGUNG** mit dem Menschen.

**EINDREHEN** zum Stoppen.

Dabei verlagert sich das Gewicht vom linken auf den rechten Fuß. Die Tasse wechselt ebenfalls die Hand und der Oberkörper öffnet sich nach rechts. Ziel dieser Übung ist, ein Gefühl für den eigenen Körper zu bekommen und jemanden dort anzusprechen, wo er ist, um ihm anschließend eine geschmeidige Richtungsänderung anzuzeigen.

## LEINEN-ÜBUNG

Die Leinen-Übung stellt die spätere Mensch-Hund-Konstellation am Kreis eins zu eins nach. Ein Mensch (Führender) befindet sich innerhalb des Kreises und ein weiterer Mensch befindet sich außerhalb des Kreises (Geführter, später der Hund). Beide sind durch eine Leine verbunden, die Distanz zwischen den Akteuren beträgt maximal 5 Meter. Der Führende öffnet nun, läuft an und bleibt dabei zunächst noch nah am Kreisrand. Der Geführte orientiert sich dabei am Führenden. Der Führende kann nun anhalten, ansprechen und loslaufen wie er möchte.
Der Vorteil der Mensch-Mensch-Übung ist der, dass der führende Mensch ein direktes Feedback bekommt und damit bei dem geführten Mensch ein Bewusstsein, eine kommunikative Ausgangsbasis schafft. Denn: Auch Menschen wollen „mitkommen" können. Ist dieses Bewusstsein geschaffen, ist es später auch für den Hund fairer. Man weiß dann, was er leistet und wie anstrengend es sein kann, den roten Faden eines Gesprächs zu verfolgen.

## Mit dem Hund

# AN DEN KREIS

# Der Ablauf am Kreis

Nun geht es an Ihren ersten gemeinsamen Gang am Kreis. Ihr Hund ist dazu an einer 1,5 bis 2 Meter langen, glatten Leine ohne Ösen oder Haken angeleint.

## DEN HUND ABSETZEN

Gehen Sie ganz bewusst und ruhig an den äußeren Rand des Kreises und bringen Sie Ihren Hund körpersprachlich oder mit einem Wortkommando ins Sitz. Öffnen Sie dazu Ihren Oberkörper, Ihr Blick geht auf das Hinterteil Ihres Hundes. Dieser wird sich jetzt mit großer Wahrscheinlichkeit setzen. Alternativ können Sie Ihren Hund auch ansprechen und „Sitz“ sagen oder beides kombinieren. Reagiert Ihr Hund partout nicht auf Ihre körpersprachliche Ansage, kann er zunächst auch stehen bleiben. Seine Blickrichtung sollte jedoch in die Kreismitte gehen.
Das Absitzen des Hundes am Kreis ist quasi das erste „get together“ von Ihnen und Ihrem Hund.
Betreten Sie nun das Kreisinnere, ohne Ihrem Hund dabei einen Blick zu schenken. Würden Sie Ihren Hund in diesem Moment anschauen, könnte er Ihren Blick als Aufforderung verstehen, etwas zu tun, aktiv zu werden. Seine sitzende Position würde er so mit großer Wahrscheinlichkeit verlassen.
Stellen Sie sich diese Situation wie das Warten an einer roten Ampel vor: Solange Ihr Blick über den Hund hinausgeht, ist die Ampel rot. Schauen Sie Ihren Hund an, ist die Ampel grün und es geht los.

## DIE ERSTEN SCHRITTE

Nehmen Sie jetzt die Leine in die linke Hand, weil es gleich nach rechts losgeht. Die Ampel steht immer noch auf rot, also Blick raus, über den Hund hinweg. Überprüfen Sie, ob Sie stabil stehen und halten Sie die Leine relativ kurz, d.h. leicht durchhängend.
Jetzt sprechen Sie Ihren Hund freundlich an, Sie gehen also gleichzeitig mit Ihrem Oberkörper und Ihrem linken Bein einen Schritt auf Ihren Hund zu. Mit dem nächsten Schritt drehen Sie Ihren Oberkörper nach rechts, sodass Ihr Hund erkennt: In diese Richtung soll es gehen, die Ampel ist grün.

## DER BLICK GIBT DEN WEG VOR

Bevor Sie nun Ihren Weg am Kreis fortsetzen, sehen Sie dorthin, wo Sie hingehen möchten: Ihr Blick gibt den Weg vor, den Sie und Ihr Hund gehen werden. Allein durch diesen kurzen Blick weiß Ihr Hund, wo die Reise hinführt. Möchten Sie anhalten, drehen Sie Ihren Körper wieder frontal zum Hund, Ihr Blick geht dabei kurz auf die Stelle, wo der Hund anhalten soll und dann nach oben raus, über ihn hinaus.

Bestimmt kennen Sie das Spiel aus Kindertagen „Ich sehe was, was Du nicht siehst“. Die Kinder, die denjenigen beobachten, der an der Reihe ist, werden wissen, was dieser sich „ausgeguckt“ hat. Die Kinder hingegen, die vor sich hin träumen, werden diesen entscheidenden Augenblick verpassen. Für die Kommunikation mit Ihrem Hund bedeutet das: Bekommt Ihr Hund Ihren ersten Blick mit, kann er Ihnen problemlos bis zum Ende Ihrer Handlung folgen.

*Wichtig*

**NICHT DEN HUND ANSCHAUEN!**
**Bemühen Sie sich, Ihren Hund nicht dauernd durch Blicke zu kontrollieren oder zu beobachten.**

# EINLEITUNG
## *zum gemeinsamem Gespräch*

**[1]** Körpersprachliches Hinsetzen des Hundes am Kreisrand.

**[2]** Blick- und Gewichtsverlagerung des Menschen weg vom Hund.

**[3] Erste Bewegung in den Kreis.**

**[4] Der Beginn des Eindrehens zum Hund.**

**[5] Stabiler Stand frontal zum Hund.**

# Stabiler STAND

# Der stabile Stand als Ausgangspunkt

Ein stabiler Stand ist immer der Ausgangspunkt für ein Gespräch zwischen Mensch und Hund. Erst wenn Sie stabil stehen, sprechen Sie Ihren Hund an.
Vorab ein kleiner Gedankenanstoß frei nach Rudolf Steiner, der Ihnen helfen soll zu verstehen, worum es in den Momenten des Starts und des Longierens geht:

*Schaffe Dir Augenblicke innerer Ruhe und Klarheit und lerne, in diesen Augenblicken das Wesentliche von dem Unwesentlichen zu unterscheiden. Konzentriere Dich auf deine eigenen Handlungen und führe diese verständlich aus, dann wird sich Dein Gegenüber wahrscheinlich bemühen, Dich zu lesen und zu verstehen.*

In den Minuten des Longierens dürfen Sie also selbst entscheiden, was in dieser Zeit passieren soll. Sie dürfen über Raum und Zeit verfügen. Machen Sie sich das bewusst, bevor es losgeht.

**KONZENTRIERT** **Der Blick des Hundes ist ganz auf seinen Gesprächspartner Mensch gerichtet.**

*Info*

**DIE GRUNDPOSITION**

**In der Grundposition ist Ihr Blick neutral und geht in diesem Moment über Ihren Hund hinaus. Ihr Kinn befindet sich parallel zum Boden, Ihr Oberkörper ist gerade. Ihre Arme sind nah am Körper, Bauch und Po sind leicht angespannt. Beine und Füße stehen hüftbreit und parallel zueinander, Ihr Gewicht verteilen Sie dabei gleichmäßig auf beide Füße.**

Selbst erfahrenen Longierern fällt es nicht immer leicht, das Prinzip der Gewichtsverlagerung in allen Konstellationen zu verstehen und umzusetzen.
Ihr Oberkörper und Ihr Blick – und damit das Gewicht Ihres Körpers – verlagern sich bei einer höflichen Kommunikation immer hin zu Ihrem Gesprächspartner. In einer höflichen Kommunikation wird der Blick jedoch nicht gehalten, vielmehr gewährt man dem Gegenüber Raum, dem einladenden Blick zu folgen bzw. ihn zu erwidern.
Den Blick zu halten ist auch bei uns Menschen keine natürliche Handlung, sondern eine anerzogene. Den Spruch „Schau mich an, wenn ich mit Dir rede“ kennen Sie vermutlich. Bei Kindern hat diese Aufforderung auch durchaus ihre Berechtigung, sie ist wichtig zur Sprachentwicklung. Hunde brauchen diese Art des Blickkontakts jedoch nicht. Im Normalfall würde ein Hund nicht auf einen anderen Hund zulaufen, wenn dieser frontal seinen Blick erwidert – er würde einen Bogen laufen. Wir Menschen übrigens auch. Auch wir versuchen, permanenten Blicken auszuweichen. Denn sie können verunsichern und die unterschiedlichsten Emotionen auslösen.

[1] **STABILER STAND** Der Oberkörper ist gerade, die Füße stehen parallel.

[2] **DER BLICK** des Menschen ist oberhalb des Hundes, der Hund wird nicht angeschaut.

## DER BLICK IM STABILEN STAND

Sie stehen Ihrem Hund nun in der Grundposition gegenüber (siehe Seite 43). Dabei befinden Sie sich im Inneren des Kreises, Ihr Hund sitzt außerhalb am Kreisrand. Ihr Blick ist neutral und geht in diesem Moment über Ihren Hund hinaus. Achten Sie darauf, dass Ihr Kinn sich parallel zum Boden befindet. Schauen Sie Ihren Hund in diesem Moment direkt an, geben Sie ihm damit zu verstehen, dass Sie noch mehr als das Sitz von ihm wollen. Steht Ihr Hund jetzt auf, ist das aus seiner Perspektive nur folgerichtig – Sie haben ihn schließlich mit Ihrem Blick dazu aufgefordert. Generell gilt, dass Ihr Blick nur als Ansprache dient. Hier kommt es auf Ihre innere Haltung an. Wenn Sie Ihren Hund voller Überzeugung ansprechen, wird er Ihrem nachfolgenden Gesprächsangebot folgen. Nichts sollte für Ihren Hund in diesem Moment schöner und wichtiger sein als Ihr Gesprächsangebot.

## DER OBERKÖRPER IM STABILEN STAND

Ihr Oberkörper ist im Stand gerade aufgerichtet, entspannt, aber nicht schlaff mit natürlicher Körperspannung, ohne verkrampft zu sein. Die Schultern sind entspannt. Ihre Arme befinden sich nah am Körper, Bauch und Po sind leicht angespannt, die Hüfte ist aber locker.

## DIE FÜSSE IM STABILEN STAND

Stellen Sie sich stabil auf beide Füße und verteilen Sie Ihr Gewicht gleichmäßig. Achten Sie darauf, dass Ihre Füße ca. hüftbreit und parallel auseinanderstehen. Wenn Sie Ihr Gewicht in dieser Position vom rechten auf den linken Fuß und von vorne nach hinten verlagern können, ohne die eigentliche Position aufzugeben, stehen Sie gut.

# DER BEWEGUNGSABLAUF

## *Vom Stand bis zum Lauf*

### 1. Schritt

Jede Ihrer Bewegungen beginnt im und mit Ihrem Kopf. Aus der Grundposition fällt Ihr Blick auf Ihren Hund, Ihr Oberkörper neigt sich dabei nahezu zeitgleich leicht nach vorne, Ihr linkes Bein macht einen leichten geraden Schritt auf Ihren Hund zu, Ihr Gewicht verlagert sich kurz auf Ihren linken Fuß. Der Schritt dient zur Stabilisierung des Oberkörpers und ermöglicht eine fließende Öffnung des Oberkörpers mit einer Gewichtsverlagerung auf den rechten Fuß. Diese Bewegung gibt dem Hund zudem die Chance, aus der Frontalposition spiegelbildlich auf die Schulter aufzuschließen. Die Tür öffnet sich und Mensch und Hund gehen gemeinsam hindurch.

### 2. Schritt

Jetzt öffnet sich Ihr Blick und Ihre rechte Schulter öffnet sich ebenfalls im 90-Grad-Winkel nach rechts. Nun läuft Ihr Blick, wie bei einem Kameraschwenk, entlang des Longierkreises und zeichnet dabei den gewünschten Laufweg Ihres Hundes. Anfänglich schweift Ihr Blick etwa fünf Meter voraus und dann schauen Sie Millimeter für Millimeter weiter.

### 3. Schritt

Das führt dazu, dass Ihr Kinn sich wieder parallel zum Boden befindet. Gleichzeitig verlagert sich Ihr Gewicht in einer Schrittbewegung, ebenfalls im 90-Grad-Winkel, vom linken auf den rechten Fuß.

### 4. Schritt

Ihr Hund befindet sich zunächst frontal vor Ihnen und in der öffnenden Bewegung schließt er spiegelbildlich auf Ihre Schulterhöhe auf. Somit befindet sich Ihr Hund nahezu die ganze Zeit exakt auf Ihrer Höhe und somit parallel zu Ihnen außerhalb des Kreises.

### Wichtig für den korrekten Bewegungsablauf

Ihr Hund sollte sich angesprochen fühlen, sodass er spontan und nahezu spiegelbildlich mit Ihnen startet und losläuft.
Startet Ihr Hund an diesem Punkt schon verzögert, und damit nicht mehr spiegelbildlich mit Ihnen, wird er das bei der weiteren Arbeit auf Distanz auf jeden Fall tun.
Beachten Sie, dass Ihr Hund in dem Moment der Ansprache mit Ihrem Blick und der Verlagerung Ihres Oberkörpers auf ihn zu, mit seinem Namen angesprochen wird. Später, wenn Ihr Hund weiß, worum es geht, sollte die Ansprache auch ohne die Nennung seines Namens funktionieren. Die Nennung des Namens ist zu Beginn als eine Art Hilfsmittel zu verstehen. Ihr Hund soll Ihren gesamten Bewegungsablauf erkennen und verstehen. Und da die meisten Hunde zumindest kurz auf Ihren Namen reagieren, kann dessen Nennung sehr hilfreich sein.

Merken Sie sich: Hund, DU bist gemeint (Ansprache) und DAS wollen wir tun (Fortführung des Gesprächs, der Bewegung).
Die Ansprache kann hier auch mit dem Tritt auf die Kupplung beim Autofahren verglichen werden. In diesem Moment ist der Motor zur Anfahrt bereit, zum Start ist jedoch noch der Tritt auf das Gaspedal notwendig. Die Verlagerung zum Hund entspricht der Kupplung und die Öffnung des Oberköpers, mit Verlagerung auf den rechten Fuß, entspricht dem Gasgeben. Wenn der Hund demnach nicht synchron mit Ihnen startet, sollten Sie nochmals Ihren gesamten Bewegungsablauf überprüfen und gegebenenfalls verbessern. Ein menschlicher Trainingspartner kann hier durchaus ein Feedback geben, wenn man zu Übungszwecken eine Mensch-Mensch-Übung macht.

# DAS GEMEINSAME GESPRÄCH
*von hier bis dort*

[1]

[2]

[3]

[4]

[5]

[1] **VERLAGERUNG** aus dem stabilen Stand.

[2] **ANSPRACHE** Verlagerung zum Hund.

[3] **ÖFFNENDE** Bewegung.

[4] **FORTFÜHRUNG** der öffnenden Bewegung.

[5] **GEMEINSAMES GESPRÄCH** in der Bewegung.

**TRAININGSPLAN: STABILER STAND**

**Stufe 1**

| | |
|---|---|
| Wie wird's gemacht? | Hund wird hingesetzt, Mensch stellt sich frontal zum Hund, Hund ist angeleint, etwa 1 Meter Abstand zwischen Mensch und Hund.<br>Blick des Menschen ist oberhalb des Hundes; Hund soll Position beibehalten und erst auf Ansprache des Menschen hin wieder etwas Neues machen. |
| Wo? | Zu Hause, auf Spaziergängen, am Longierkreis. |
| Wie oft/wie lange? | Täglich mehrmals, jeweils 3 bis 5 Wiederholungen; die Länge der einzelnen Einheiten variiert zwischen wenigen Sekunden bis zu einer Minute, in der der Mensch stabil steht und der Hund die gewünschte Position beibehält. |
| Hilfe, es klappt nicht! | Steht der Hund immer wieder selbstständig auf, sollte zunächst die Distanz zum Hund verringert und der Blick vom Mensch überprüft werden. Außerdem Zeitspanne zwischen stabiler Position und Auflösung verkürzen und dann langsam wieder steigern. |
| Lernziel | Hund soll lernen, dass der Mensch eine Situation einleitet und dann auch wieder beendet. „Bis ich Dich wieder anspreche/angucke, bleibt das zuletzt Gesagte bestehen!" Ebenso soll der Hund Geduld lernen. Der Mensch soll Kontrolle ablegen und lernen, dem Hund zu vertrauen und ebenfalls lernen, dass seine Aussagen ernst genommen werden. |

**Stufe 2**

| | |
|---|---|
| Wie wird's gemacht? | Wie Stufe 1, jedoch mit Vergrößerung des Abstandes. |
| Wo? | Wie Stufe 1. |
| Wie oft/wie lange? | Mehrmals täglich, jeweils 3 bis 5 Wiederholungen. Die Länge der einzelnen Einheiten sollte nun zwischen 1 bis 2 Minuten variieren. |
| Hilfe, es klappt nicht! | Wie Stufe 1, Abstände nochmals verringern oder die eigene Körpersprache bzw. den eigenen Blick überprüfen, Zeitspanne verringern. |
| Lernziel | Wie Stufe 1. |

**Stufe 3**

| | |
|---|---|
| Wie wird's gemacht? | Wie Stufe 1 und Stufe 2, nur ohne Leine. |

# Die ANSPRACHE

# Ansprache am Kreis üben

## DER GESAMTE ABLAUF

### 1. Anschauen und Namen nennen

Jetzt beginnen Sie mit den Übungen am Kreis mit Ihrem Hund. Schauen Sie Ihren Hund an und nennen Sie freundlich seinen Namen.

### 2. Auf den Hund zugehen

Zeitgleich mit (1) gehen Sie mit dem Oberkörper und mit Ihrem linken Bein einen Schritt auf Ihren Hund zu.

### 3. Richtung mit dem Körper vorgeben

Mit dem nächsten Schritt drehen Sie Ihren Körper nach rechts auf, sodass Ihr Hund erkennt: In diese Richtung geht es weiter.

**Wichtig:** Beachten Sie, dass bei einem Laufweg nach rechts Ihre rechte Schulter auch den „Raum öffnet" und somit auch die führende Schulter ist. Der Arm ist nicht mehr und nicht weniger als die Extremität Ihrer Schulter. Zum Longieren brauchen Sie grundsätzlich keinen Armeinsatz. Jedoch kann dieser Ihnen helfen, Ihren Oberkörper leichter zu öffnen. Achten Sie darauf, dass Ihr Arm Ihrem Oberkörper beim Öffnen „nur" hilft und beim Erreichen der Zielrichtung wieder „eingefahren" wird. Ihr Blick und Ihr Oberkörper geben die Richtung vor, nicht Ihr Arm.

### 4. Den Weg vorgeben

Bevor Sie nun Ihren Weg am Kreis fortsetzen, sehen Sie dorthin, wo Sie hingehen möchten: Ihr Blick gibt den Weg vor, den Sie und Ihr Hund gehen werden. Allein durch diesen kurzen Blick weiß Ihr Hund, wo die Reise hinführt.

### 5. Anhalten

Wenn Sie anhalten möchten, drehen Sie Ihren Körper wieder frontal zum Hund, Ihr Blick geht dabei kurz auf die „Haltestelle" und dann nach oben über den Hund hinaus.

Gerade der Start im Nahbereich, also am Anfang, sollte beim Longieren so exakt und präzise wie möglich ablaufen, damit er später auch auf Distanz einwandfrei funktioniert. Nehmen Sie z. B. beim Start Ihren Blick zu spät von Ihrem Hund, wird dieser zu spät starten, weil er sich regelrecht „weggeguckt" fühlt. Ihrem „Gespräch" wird er nun nicht mehr folgen können.

**GEMEINSAME ÖFFNUNG** Hund und Mensch bewegen sich spiegelbildlich zueinander.

**DRANBLEIBEN** in der Bewegung.

# VON DER ANSPRACHE *in die klare Bewegung*

**[1–4]** Verlagerung des Oberkörpers nach vorne, bis zur Öffnung des Blicks und des Oberkörpers entlang des Laufweges.

**[5]** Stabiler Stand vor der Ansprache.

**[6]** Verlagerung des Oberkörpers in den linken Fuß hinein zum Hund.

**[7]** Öffnung des Oberkörpers entlang des Kreises.

**[8]** Paralleler Gang von Mensch und Hund.

[1]

[2]

[3]

[4]

## Wichtig

Achten Sie darauf, dass Sie Ihren Hund im Zuge der Ansprache nicht „verlieren". Meistens passiert das „Verlieren" des Hundes zwischen der Ansprache und den ersten drei Schritten. Der Hund verliert den roten Faden des Gesprächs!

[5]

[6]

[7]

[8]

## MÖGLICHE FEHLER

Ist Ihr Hund mit Ihrem zweiten Schritt noch auf Schulterhöhe, wird er mit allergrößter Wahrscheinlichkeit eine perfekte Runde laufen. Andersherum: Geht es um eine mögliche Fehlersuche, können Sie ganz am Anfang suchen, im Nahbereich zwischen Ihrer Ansprache und den ersten drei Schritten. Im Klartext: Nach der Ansprache entscheidet sich, ob das Gespräch zwischen Ihnen und Ihrem Hund „in Gang" kommt oder nicht. Das gilt für Anfänger wie für Fortgeschrittene. Selbst Profi-Sportlern geht es immer erst um kleine Teilaspekte des Trainings, bevor es um das „Große Ganze" geht. Selbst gute Golfer und Tennisspieler beginnen z. B. fast immer mit kurzen Schlägen und geringen Distanzen, und auch Fußballer beginnen häufig mit Kleinfeldübungen.

**Wichtig:** Jeden Schritt, den Sie machen, können Sie auch wieder zurückführen. Verliert Ihr Hund also mal den „roten Faden", ist das kein Drama. Sie können Ihren Hund ja jederzeit wieder ansprechen, um das Gespräch wieder aufzunehmen.

**ANSPRACHE** Verlagerung des Blicks und des Oberkörpers zum Hund.

## DER BLICK BEI DER ANSPRACHE

Schauen Sie Ihren Hund an und nennen Sie freundlich seinen Namen. Zeitgleich gehen Sie mit dem Oberkörper und mit Ihrem linken Bein einen Schritt auf Ihren Hund zu. Mit dem nächsten Schritt drehen Sie Ihren Körper nach rechts auf, sodass Ihr Hund erkennt: In diese Richtung geht es weiter.
Bevor Sie nun Ihren Weg am Kreis fortsetzen, geht Ihr Blick mit der Öffnung des Oberkörpers entlang des Laufweges und endet am gewünschten Zielpunkt. Ihr Blick gibt also den Weg vor, den Ihr Hund gehen soll. Allein durch diesen kurzen Blick weiß Ihr Hund, wo die Reise hinführt.
Hierbei unterstelle ich, dass Hunde in der Lage sind, aus der Kombination von Blick und Schulterstellung den gewünschten Zielpunkt des Menschen zu erkennen, vorausgesetzt, sie hören im Moment der Ansprache zu. Vergleichbar ist das mit dem Kinderspiel „Ich sehe was, was Du nicht siehst". Die pfiffigen Kinder erraten das Gesehene schnell, da sie den „Seher" von Anfang an beobachtet haben. Hier sind sich Mensch und Hund mehr als gleich, denn beide Lebewesen habe diese

**ÖFFNENDE BEWEGUNG** Der Blick geht vom Hund entlang des Laufweges.

Gabe aus Blick und Schulterstellung Laufwege anderer zu erkennen. Menschen habe diese Gabe jedoch verlernt.

## Bedeutung und Funktion des Blicks

Jetzt, wo die technischen Details erklärt sind, möchte ich Ihnen die Bedeutung und die Funktion des Blicks anhand einiger Beispiele verdeutlichen und näherbringen.
Beim Autofahren bleibt Ihr Blick während einer Kurvenfahrt immer auf einem geraden Punkt und wandert nur Millimeter für Millimeter weiter. Sie fahren also eine Gerade.

**Der Schulterblick**

Besonders wichtig ist in diesem Zusammenhang Ihr Schulterblick. Dieser ist identisch mit dem Schulterblick beim Autofahren. Auch hier geht der Blick des Menschen für einen kurzen Moment schräg nach hinten. Dabei öffnet sich der Oberkörper ebenfalls schräg nach hinten, um dann wieder von hinten kommend nach vorne geführt zu werden. Dann wird er wieder entlang der Straßenführung meist gerade nach vorne gebracht. Würde der Blick hier hinten „hängen bleiben", gäbe es sicher noch mehr Unfälle.

**SCHULTERBLICK** **Öffnen des Kopfes und des Oberkörpers zum Hund unter zeitgleicher Nennung des Namens zur Vertiefung des Gesprächs.**

## Info

**HUNDE KOMMUNIZIEREN MITTELS BLICKEN**
Ihr Hund muss diese Form der Kommunikation übrigens nicht neu lernen, sie ist keine neue Sprache für ihn. Er nutzt diese Art der Kommunikation (genau wie wir Menschen) tagtäglich.

**ÜBER DEN BLICK ...**

- leitet Ihr Hund Handlungen ein.
- und seine Körpersprache bringt er andere Hunde zum Stehen, Sitzen oder Liegen.
- gibt er Artgenossen den Weg frei oder blockiert diesen.
- fordern Hunde häufig auch uns Menschen zu einer Handlung auf, z. B. wenn Sie vor einer geschlossenen Tür stehen und selber nicht weiterkommen oder wenn Sie ganz einfach nur an Futter gelangen wollen.

**Kontrollieren**
Ist Ihr Hund in dem Moment, in dem Sie ihn mit Ihrem Blick ansprechen, mit voller Konzentration bei Ihnen, dann ist Ihr Hund in der Lage, diesem ersten Blick bis zum Ende der Handlung zu folgen (also vom ersten Blick bis zum Blickende). Die Voraussetzung hierfür ist allerdings, dass Sie zwischen dem ersten Blick und dem Blickende nicht noch einmal nachschauen, ob Ihr Hund Ihrem Angebot auch folgt. Und genau das machen die meisten Menschen aber permanent, sie schauen ihren Hund regelrecht weg bzw. drücken ihn nach hinten.
Vergleichbar ist diese Überprüfung mit einem Chef, der hinter einem steht und auf den Bildschirm schaut. Viele Menschen können in dieser Situation nicht einmal mehr ihren Namen fehlerfrei schreiben.

Diese Situation können Sie verhindern: *Formulieren Sie Ihre Angebote unmissverständlich, präzise und freundlich, dann müssen Sie Ihre Angebote auch nicht kontrollieren.*

Zum Kontrollieren gehört übrigens auch, wenn Sie Ihren Hund nur aus dem Augenwinkel anschauen: Ihr Hund nimmt das wahr. Wollen Sie wirklich nachschauen, was Ihr Hund macht, öffnen Sie Ihren Oberkörper bewusst nach hinten und sprechen Sie Ihren Hund auf diese Weise an. Denken Sie bei der Ansprache daran, dass Sie Ihrem Hund vermitteln, was Sie als Nächstes von ihm erwarten. Haben Sie im Kopf, was Sie als Nächstes tun möchten.

**Anstarren**
Ein Hund würde niemals direkt zu einem anderen Hund laufen, wenn dieser ihn anstarrt. Genau das machen wir Menschen aber häufig

[1]

[2]

**ANSPRACHE UND ÖFFNUNG** Spiegelbildliche Bewegung von Mensch und Hund.

[3]

**SYNCHRONE ÖFFNUNG** Exakter Schulteranschluss des Hundes an den Menschen. Blick, Schulter, Oberkörper und Beine von Mensch und Hund sind vollkommen aufeinander abgestimmt.

mit unseren Hunden – wir starren sie an. Beispielsweise beim Rückruf: Wir rufen unseren Hund zu uns und beobachten ihn die gesamte Strecke, die er auf uns zuläuft. Dabei „starren“ wir ihn zwangsläufig an. Es grenzt schon an ein Wunder, dass die meisten Hunde trotzdem kommen. Haben Sie schon einmal versucht, einen Menschen zu sich zu rufen und ihn dabei mit standhaftem und durchdringendem Blick angeschaut? Kommen würde der Gerufene bestimmt nicht.
Darüber hinaus sollte immer wieder erwähnt werden, dass Ihr Hund Sie nach und nach immer wieder anschauen wird und zwar im besten Fall von oben nach unten. Ihr Hund wird schnell begreifen, dass Ihre Bewegung im Kopf/Oberkörper beginnt und in Ihre Füße mündet. Vorausgesetzt, Sie schaffen es, Ihren Kopf nach der Ansprache nach oben zu öffnen, wobei das Kinn des Menschen möglichst parallel zum Boden ist und der Blick vier bis fünf Meter nach vorne geht. Hat Ihr Hund die ganze Zeit seine Nase am Boden, ist dies ein Indiz dafür, dass Sie nicht den Weg vorausschauen, sondern, bewusst oder unbewusst, Ihren Hund beobachten oder, aus Sicht Ihres Hundes, gemeinsam den Boden abschnuppern.

# Die öffnende Bewegung

## ÖFFNEN NACH RECHTS, AUS DEM STABILEN STAND

Hund und Mensch stehen sich frontal gegenüber, wobei der Hund sitzt und der Mensch steht. Der Mensch steht stabil, seine Beine stehen dabei hüftbreit auseinander. Die Füße stehen ebenfalls stabil und parallel, die Fußspitzen zeigen zum Hund. Der Hund wird so durch die Position des Menschen sowie durch seine Körperstellung eingerahmt.
Der Blick des Menschen ist nach oben ausgerichtet (vergleichbar mit einem Blick auf die rote Ampel). Ist der Mensch bereit zu starten, die Ampel also grün, „fällt" der Blick des Menschen auf den Hund, dabei verlagert sich der Oberkörper leicht frontal zum Hund. Damit man bei dieser Gewichtsverlagerung nicht umfällt, verlagert man das Gewicht auf den linken Fuß. Der Fuß wird hierbei gerade nach vorne aufgesetzt, die Fußspitze zeigt zum Hund und auch der Oberkörper befindet sich noch frontal zum Hund. Der Blick des Menschen ist für einen Moment auf den Hund fokussiert.
Nach der Verlagerung auf den linken Fuß, öffnet nun der Blick des Menschen nach rechts, entlang des Kreises und demnach entlang des Laufweges des Hundes. Die rechte Schulter öffnet den Oberkörper nach rechts und somit öffnet das rechte Bein nun nach rechts.
Jede Bewegung beginnt im Oberkörper und mündet in den Füßen. Danach steht die linke Schulter jetzt parallel zum Hund und Blick und Oberkörper des Menschen sind in Laufrichtung nach vorne ausgerichtet. Der Hund soll spiegelbildlich auf die Schulter des Menschen aufschließen. Der Blick des Hundes soll den Menschen von oben nach unten beobachten. Schließlich soll er begreifen, dass jede Bewegung aus dem Blick und dem Oberkör-

**STABILER STAND** Das Gewicht ist auf beiden Füßen.

**VERLAGERUNG** auf den linken Fuß zur Ansprache.

per des Menschen beginnt und er (der Hund) immer angesprochen wird, wenn sein Mensch etwas von ihm möchte. Das bedeutet auch, dass der Mensch seinen Blick und seinen Oberkörper so lange nach vorne gerichtet hat, bis er den Hund wieder neu anspricht.

**ANHEBEN** Der rechte Fuß wird zur Gewichtsverlagerung angehoben.

**EINLEITUNG** der Gewichtsverlagerung auf den rechten Fuß zur Öffnung.

**GEWICHTSVERLAGERUNG** auf den rechten Fuß in Laufrichtung.

**VERLAGERUNG** des Gewichts zur Fortsetzung des Laufweges.

ANSPRACHE

ÖFFNENDE BEWEGUNG

EINDREHEN ZUM STOPPEN

STABILER STAND

## DER OBERKÖRPER BEI DER ANSPRACHE

Wenn Sie Ihren Hund ansprechen, gehen Sie zeitgleich mit Ihrem Oberkörper und Ihrem linken Bein einen Schritt auf Ihren Hund zu. Mit dem nächsten Schritt drehen Sie Ihren Körper nach rechts auf, sodass Ihr Hund erkennt: In diese Richtung geht es weiter. Sprechen Sie Ihren Hund während des Laufens kurz durch das Öffnen des Oberkörpers zum Hund an – bei Laufrichtung nach rechts öffnet sich der Oberkörper nach links zum Hund, die linke Schulter und die Mitte des Oberkörpers sprechen dann in der Kombination mit dem Blick den Hund an. Das Gewicht des Menschen fällt in dem Moment des Öffnens auf den linken Fuß.

Wenn Sie anhalten möchten, drehen Sie Ihren Körper wieder frontal zum Hund, Ihr Blick geht dabei kurz auf die Haltestelle und dann über den Hund hinaus, Sie stehen stabil. Das Stoppen kann, gerade zu Anfang, gerne sehr dynamisch sein.

**ERSTE SCHRITTE**

**SCHULTERSCHLUSS**

**VORBEREITUNG ZUR NEUEN SEQUENZ**

## DIE FÜSSE BEI DER ANSPRACHE

Ihre Füße stehen bei der Ansprache zunächst hüftbreit auseinander, die Zehenspitzen zeigen in Richtung der Pfoten Ihres Hundes. Achten Sie darauf, dass Ihre Füße auch wirklich gerade ausgerichtet sind. Stehen diese schief, kann das Ihren Hund verunsichern und er wird sich wohlmöglich ebenfalls schief hinsetzen oder hinstellen. Zudem verursacht eine leichte „Fehlstellung" in den Füßen häufig eine Schrägstellung in den Schultern und somit eine schlechte Ausgangsposition für eine klare Kommunikation. Die Schulter öffnet dann häufig zu schnell und dem Hund wird regelrecht nach der Ansprache die Türe in Form des Rückens vor der Nase zugeschlagen.

## DIE SPRACHE – DEN NAMEN NENNEN

Gleichzeitig mit Ihrer körpersprachlichen „Ansprache", dass es gleich losgeht, sprechen Sie Ihren Hund freundlich mit seinem Namen an. Wie „motivierend" Ihre Sprache ist, also in welcher Stimmlage und in welchem Tempo Sie Ihren Hund ansprechen, hängt vom Naturell Ihres Vierbeiners ab. Ist Ihr Hund von sich aus eher der „aufgeregte und nervöse Typ", ist es ratsam, eher unaufgeregt, ruhig und freundlich mit ihm zu sprechen.
Generell gilt, dass Sprache auf ein Mindestmaß reduziert werden sollte. Dennoch kann es Sinn machen, verbale Sprache und Körpersprache zu kombinieren. Konkret bedeutet das: Nennen Sie den Namen Ihres Hundes in dem Moment, in dem Sie sich körpersprachlich zu ihm hinbewegen. Diese „doppelte" Ansprache kann eine Hilfestellung für Ihren Hund sein und eine Verknüpfung ergeben. Auch hier gilt: „Du bist gemeint und das wollen wir tun, z. B. loslaufen."

## DIE SACHE MIT DER LEINE

Wenn bis zu diesem Punkt alles gut klappt, ist es verlockend, den Hund frei zu longieren. Bevor Sie sich an diesen Schritt wagen, sollte Ihr Hund allerdings absolut sicher an der Leine laufen. Erst an einer kurzen Leine, dann an einer durchhängenden 2-Meter-Leine. Achten Sie darauf, dass die Leine beim Longieren immer durchhängt und niemals straff oder gespannt ist.

Läuft Ihr Hund gut an der Leine, oder anders gesagt: Die Kommunikation zwischen Ihnen und Ihrem Hund via Leine funktioniert, können Sie erste Schritte ohne Leine wagen. Üben Sie zunächst das Longieren ohne Leine im Nahbereich. Denn auch hier gilt: Nur was im Nahbereich klappt, funktioniert auch auf Distanz. Bewegen sich Mensch und Hund spiegelbildlich und exakt, können Sie die Distanz zwischen Ihnen und Ihrem Hund nach und nach vergrößern.

**SYNCHRONE BEWEGUNG** wischen Mensch und Hund aus verschiedenen Perspektiven.

| TRAININGSPLAN: ANSPRACHE AUS DER STATIK | |
|---|---|
| **Stufe 1** | |
| Wie wird's gemacht? | Hund wird hingesetzt, Mensch stellt sich frontal zum Hund, Hund hat ca. 1 Meter Abstand zum Menschen. Dann folgt die Ansprache des Hundes durch die Verlagerung des Oberkörpers nach vorne auf den linken Fuß. Gleichzeitig wird der Name des Hundes genannt und anschließend wird das Gewicht in den stabilen Stand rückverlagert. Der Blick des Menschen geht dabei vom Hund, entlang des gewünschten Laufweges, bis zu den Füßen des Menschen. Der Hund läuft bis zum Menschen auf gerader Linie. |
| Wo? | Zu Hause, auf Spaziergängen, zur Vorbereitung auf das Longiertraining. |
| Wie oft/wie lange? | Täglich mehrmals, jeweils 3 bis 5 Wiederholungen. |
| Hilfe, es klappt nicht! | Überprüfen Sie, ob sich Ihr Hund tatsächlich angesprochen fühlt, sagen Sie seinen Namen deutlicher und überprüfen Sie Ihre eigene Körpersprache und Ihre Blicke. Schauen Sie nach der Ansprache nicht nach, ob Ihr Hund tatsächlich kommt. Jeder Blick wird von Ihrem Hund wahrgenommen. |
| Lernziel | Wenn Sie Ihren Hund ansprechen, geben Sie ihm ein eindeutiges und unmissverständliches Angebot, dem er vertrauen und folgen kann. Sie kontrollieren Ihren Hund nicht, sondern erklären ihm klar, deutlich und herzlich den Weg. |
| **Stufe 2** | |
| Wie wird's gemacht? | Wie Stufe 1, nur mit größeren Distanzen. |
| **Stufe 3** | |
| Wie wird's gemacht? | Wie Stufe 1, jedoch öffnet der Mensch nach der frontalen Ansprache nach rechts oder links für 1 bis 3 Schritte und lässt seine Bewegung dann enden. Der Hund soll auf diese Bewegung hin nah herankommen. |
| **Stufe 4** | |
| Wie wird's gemacht? | Wie Stufe 1, jedoch soll der Hund nun einen kleinen Bogen um ein Hindernis, z. B. um einen Baumstamm oder ein Verkehrsschild, laufen. Dazu muss der Mensch den Weg über seinen Blick/Oberkörper vorgeben. |
| Wo? | Zu Hause, bei Spaziergängen oder am Longierkreis. |
| Wie oft/wie lange? | Täglich mehrmals, 3 bis 5 Wiederholungen. |
| Hilfe, es klappt nicht! | Nehmen Sie sich eine offensichtliche Orientierungshilfe, legen Sie z.B. einen Besenstiel auf den Boden, stellen Sie Pylonen auf, orientieren Sie sich an einer Bordsteinkante, einem Wendehammer oder nehmen Sie einen kleinen Abschnitt des Longierkreises. Verringern Sie möglicherweise die Abstände und überprüfen Sie Ihre eigene Körpersprache.<br>Möglicherweise startet Ihr Hund zu spät. In diesem Fall üben Sie nochmal den Start wie unter Stufe 1 beschrieben. |
| Lernziel | Der Mensch soll seinen Blick schulen und lernen, seinen Oberkörper zu führen. Der Hund soll lernen: Wenn ich zuhöre, und zwar von Anfang an bis Ende, bekomme ich unter Umständen sogar mehr Bewegungsfreiraum. |

# Die ersten SCHRITTE

# Schritte am Kreis

Die ersten Schritte am Kreis sind immer aufregend – für Sie und für Ihren Hund. Beginnen Sie, wie unter „Ansprache“ beschrieben.

## ÖFFNEN

### Ziel

Ziel ist es, dass Ihr Hund immer auf der Höhe Ihrer Schulter bzw. kurz dahinterläuft, also immer auf der Mitte Ihres Körpers. Ihr Hund sollte sich so angesprochen fühlen, dass er spontan und nahezu spiegelbildlich mit Ihnen startet und losläuft.

### Jede Bewegung beginnt im Kopf

Jede Bewegung beginnt im bzw. mit dem Kopf – auch in diesem Fall. Aus der Grundposition heraus fällt Ihr Blick auf Ihren Hund, Ihr Oberkörper neigt sich nahezu gleichzeitig leicht nach vorne. Ihr linkes Bein macht einen leichten Schritt auf Ihren Hund zu, Ihr Gewicht verlagert sich in diesem Moment kurz auf den linken Fuß.

### Blick und Schulter öffnen

Nun öffnen sich Ihr Blick und gleichzeitig Ihre rechte Schulter im 90-Grad-Winkel nach rechts. Ihr Blick läuft dann wie bei einem Kameraschwenk entlang des hündischen Laufweges am Kreis entlang. Anfänglich schweift Ihr Blick etwa fünf Meter voraus und schaut dann Millimeter für Millimeter weiter.
Das führt dazu, dass sich Ihr Kinn wieder parallel zum Boden befindet. Zeitgleich verlagern Sie Ihr Gewicht in einer Schrittbewegung von 90 Grad vom linken auf den rechten Fuß nach rechts.
Ihr Hund befindet sich die ganze Zeit über in der Mitte Ihres Körpers, erst frontal, dann seitlich. Wenn Ihr Hund bereits zu diesem Zeitpunkt „hängt“, also nicht spiegelbildlich mit Ihnen läuft, wird er das auf Distanz erst recht tun. Denn: Was im Nahbereich nicht funktioniert, wird auf Distanz erst recht nicht funktionieren – das gilt nicht nur für das Longieren.

**EINHEIT** **zwischen Mensch und Hund. Beide bewegen sich exakt auf Schulterhöhe.**

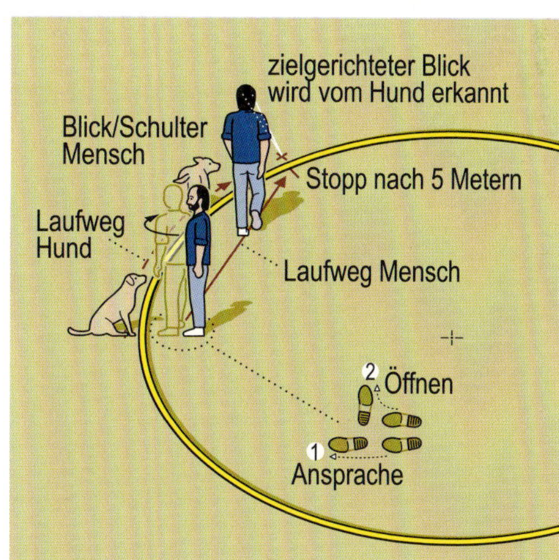


**VON DER ANSPRACHE BIS ZUR GEMEINSAMEN BEWEGUNG** **Der Mensch spricht den Hund frontal an und beide öffnen spiegelbildlich und synchron, um anschließend gemeinsam loszugehen und zeitgleich am Zielpunkt anzukommen.**

*Info*

**SO FERN UND DOCH SO NAH**

Die (Beziehungs)-Arbeit zwischen Ihnen und Ihrem Hund im Nahbereich ist wichtig, damit sie auf Distanz wie durch ein unsichtbares, aber starkes Band miteinander verbunden sind. Es verhält sich ganz ähnlich wie in einer glücklichen und funktionierenden Fernbeziehung zwischen zwei Menschen. Studien zufolge funktioniert eine solche Beziehung gerade dann besonders gut, wenn die Beziehung im Nahbereich geklärt ist, wenn beide Partner sich vertrauen, sich aufeinander verlassen können und sich zusammen wohlfühlen. Sind diese Voraussetzungen erfüllt, lässt sich die Beziehung auf Distanz ertragen und leben. Anders herum: Bin ich schon im Nahbereich unsicher und vertraue meinem Partner nicht, ist dieser Zustand auf Distanz kaum auszuhalten. In der Beziehung zu Ihrem Hund verhält es sich genauso. Verstehen Sie und Ihr Hund sich im Nahbereich, sind Grenzen gesteckt und akzeptiert, sind die Rollen verteilt und werden diese auch authentisch gelebt, dann funktioniert ihre Beziehung auch auf Distanz.

## Der Name als Hilfsmittel

Wichtig ist, dass Ihr Hund in dem Moment der Ansprache mit dem Blick und der Verlagerung des Oberkörpers auf ihn zu, freundlich von Ihnen mit seinem Namen angesprochen wird. Später, wenn Sie und Ihr Hund geübter im Longieren sind, sollte es auch ohne die Nennung des Namens gehen. Der Name Ihres Hundes dient hier lediglich als Hilfsmittel.

Ihr Hund sollte Ihren gesamten Bewegungsablauf erkennen und verstehen. Und da die meisten Hunde zumindest kurz auf Ihren Namen reagieren, kann die Nennung des Namens sehr hilfreich sein.

Schauen Sie Ihren Hund an und nennen Sie freundlich seinen Namen. Zeitgleich gehen Sie mit dem Oberkörper und mit Ihrem linken Bein einen Schritt auf Ihren Hund zu. Mit dem nächsten Schritt drehen Sie Ihren Körper nach rechts auf, sodass Ihr Hund erkennt: In diese Richtung geht es weiter.

## Fehler vermeiden

Das systematische Bewegen hat den Vorteil, dass Sie Ihren Hund, bildlich gesprochen, an die Hand nehmen und auf frischer Tat ertappen können. Er muss also gar nicht erst einen

[1]

**ANSPRACHE IM NAHBEREICH** Um dem Hund zu helfen, nennen Sie freundlich seinen Namen.

[2]

**ANSPRACHE IN DER DISTANZ** Auf Entfernung funktioniert nur, was im Nahbereich klappt.

*Info*

**MERKSATZ**

**Merken Sie sich einfach folgenden Satz: DU bist gemeint (Ansprache) und DAS wollen WIR tun (Fortführung des Gesprächs, Bewegung).**

Fehler machen und im Nachhinein korrigiert werden.

Wenn Sie also wissen, dass Ihr Hund sich zwischen Ansprache und ersten Schritten immer in sein ureigenes Bewegungsmuster verliert (meistens wird der Hund schneller), dann können Sie ihn entweder durch einen Stopp oder durch ein nochmaliges Ansprechen aus der Bewegung an das gewünschte Gespräch und dessen Inhalt erinnern. Wichtig ist, dass diese Erinnerung eintritt, bevor Ihr Hund sich „verliert".

## Eselsbrücke

Merken Sie sich als Bild bzw. als Eselsbrücke das „Ertappen auf frischer Tat". Prävention ist ja bekanntlich nachhaltiger als Strafe. Natürlich können Sie auch hoffen, dass Ihr Hund aus Fehlern lernt. Da ist es aber in den meisten Fällen die Hoffnung, die den längeren Atem hat. Besser ist es, wenn Sie Ihrem Hund erklären, dass Sie gerade den Überblick haben und außerdem wissen, was er gerade im Schilde führt. Führung heißt auch, die Stärken und Schwächen des anderen zu kennen und in ein positves Gemeinsames zu führen. Befolgen Sie dieses Credo, wird sich der Blick Ihres Hundes während der gemeinsamen Arbeit ändern. Er wird vermehrt auf Sie achten und genau hinschauen, was Sie da wieder machen, um sich in der Folge mehr und mehr Ihren Angeboten anzupassen, da er merkt, dass es sich lohnt.

Ihr Hund wird nämlich denken: „Mein Mensch weiß, was ich gerade tun will, was ich letzten Sommer getan habe und was ich nächsten Sommer tun werde. Und das ganz ohne Kontrolle… Was für ein Held!"

**002** Zum Film
**Der Start und erste Schritte**

[3]

**DER HUND hat kurz den „roten Faden" des Gesprächs verloren.**

[4]

**RICHTIG angesprochen, findet der Hund wieder ins Gespräch. Der Blick bleibt beim Menschen.**

## FLIEGENDER WECHSEL

Der Fliegende Wechsel wird zunächst wie ein Stopp ausgeführt. Aus dem Laufen heraus (Laufrichtung nach rechts) drehen Sie sich im 90-Grad-Winkel zu Ihrem Hund ein, gehen nun aber nicht in den stabilen Stand über, sondern bringen zunächst Ihr Gewicht auf Ihren rechten Fuß, Ihr Blick liegt in diesem Moment auf Ihrem Hund. Danach öffnen Sie, wie bei einem Wiegeschritt, Ihren Blick und Ihren Oberkörper nach links entlang des Kreises. Ihr Gewicht bringen Sie dabei auf Ihren linken Fuß, Ihre Laufrichtung geht ebenfalls nach links. Wichtig ist, dass die Öffnung nach links entlang des Kreises auch in diesem Fall mindestens fünf Meter beträgt.
Das Schwierige daran ist, dass die Ansprache hier beim Eindrehen auf dem rechten Fuß erfolgt und dass die nachfolgende Bewegung „flüssig" sein sollte. Es kann hilfreich sein, wenn Sie zu Beginn den Namen Ihres Hundes nennen. Achten Sie darauf, dass Sie nicht mit Ihrem Blick an Ihrem Hund kleben bleiben.

[1]

[2]

**FLIEGENDER WECHSEL** **Der Mensch wechselt die Richtung, der Hund schließt sich synchron an.**

*Tipp*

**MERKSATZ**

**Merken Sie sich: Jede Bewegung kann gezielt auf einem Punkt beendet oder jederzeit in die Ausgangsposition zurückgeführt werden.**

### Hilfsübung zur Gewichtsverlagerung

Eine gute Übung für diese Gewichtsverlagerung ist die Tassenübung (siehe Seite 36). Alternativ können Sie aber auch das bewusste Öffnen einer Tür üben. Ihre Bewegung muss dabei von einer Schulter bzw. einem Bein zur/zum anderen gehen.

### Langsam drehen

Bei allen Bewegungsabläufen ist es wichtig, dass Ihre Hüfte langsam dreht und nicht blitzschnell herausschießt. Ihr Hund würde darauf sofort reagieren. Viele Menschen öffnen Ihren Oberkörper nicht zuerst mit der Schulter, sondern mit einer schnellen Drehbewegung aus der Hüfte. Diese Bewegung sieht aus wie ein Katapult, der Hund schleudert regelrecht an seinem Menschen vorbei und kann keinen Endpunkt der Handlung erkennen. Das eigentliche Ziel des Menschen, die Formulierung an den Hund: „Schließ dich mir an, zu meinen Konditionen", wird gar nicht formuliert. Durch die schnelle Hüftbewegung, ist der Mensch kaum in der Lage, seine Bewegung auf einen Punkt hin zu beenden.

**003** Zum Film **Fliegender Wechsel**

# FLIEGENDER WECHSEL

## *Koordination pur*

[1]

[2]

[3]

[4]

[5]

**[1] Einleitung zum Richtungswechsel. Der Oberkörper dreht sich zum Hund.**

**[2] Verlagerung des Gewichts von einem Bein zum anderen.**

**[3] Öffnen in die neue Laufrichtung.**

**[4] Anschluss des Hundes auf Schulterhöhe.**

**[5] Das fortlaufende Gespräch.**

# Tempo

Das Tempo ist beim Longieren ein nicht zu vernachlässigender Punkt. Wichtig ist, dass es auch physiologisch zu dem gerade stattfindenden Bewegungsablauf passt.

## SCHNELLER WERDEN

Um schneller zu werden, sprechen Sie Ihren Hund zuerst via Schulterblick an, so wie Sie jede Ihrer Handlungen mit einem Schulterblick ankündigen. Im „Nachgang" folgt dann das, was Sie Ihrem Hund anbieten möchten, sozusagen Ihr Gesprächsinhalt. In diesem Fall lehnen Sie Ihren Oberkörper nach vorne, dieser eröffnet somit die folgende Aktion, er ist sozusagen der Vorbote für Ihre nächste Handlung. Ihre Beine werden schneller, das Tempo erhöht sich automatisch. Durch die Verlagerung des Oberkörpers nach vorne, hat der Mensch weniger Luftwiderstand, und damit man dann nicht auf die Nase fällt, müssen die Beine schneller werden. Das Ziel bei hohem Tempo ist, dass Ihr Hund in den Galopp kommt. Trabt Ihr Hund weiterhin, ist das aber auch kein Problem. Schließlich sind Hunde sogenannte Dauertraber und innerhalb des Trabs können sie auch noch die Geschwindigkeit anpassen.

## MITTLERES TEMPO

Im mittleren Tempo befindet sich Ihr Oberkörper zwischen Hohlkreuz und leichter Neigung nach vorne, Ihr Gang ist aufrecht, die Bauchmuskulatur leicht angespannt.
Denken Sie an einen gemütlichen Stadtgang mit Ihrem Hund, dann haben Sie das perfekte mittlere Tempo.

**GEMEINSAM** Mensch und Hund gehen mittleres Tempo.

**ANSPRACHE AUS DER BEWEGUNG** Der Mensch spricht den Hund an.

**SCHNELLER WERDEN** Der Mensch verlagert seinen Oberkörper nach vorne und der Hund ist in voller Konzentration.

**TEMPO MACHEN** Der Hund nimmt das Tempoangebot des Menschen an.

**DER BLICK DES MENSCHEN** bleibt auch hier außerhalb des Kreises nach vorne gerichtet.

## LANGSAMER WERDEN

Wenn Sie langsam werden wollen, sprechen Sie Ihren Hund zuerst erneut via Schulterblick an, dann bieten Sie ihm das langsame Tempo an, indem Sie Ihren Oberkörper gerade machen und fast schon ein Hohlkreuz bekommen. Ziel ist, dass Ihr Hund im Schritt-Tempo läuft.

## BEVORZUGTES TEMPO

Die von mir bevorzugte Gangart ist das langsame und mittlere Tempo, da aus meiner Sicht die Hunde hier am besten zuhören, also konzentriert sind. Will ich etwas bei meinem Hund erreichen, müssen nicht nur seine Stärken bedient werden, sondern es muss auch an seinen Schwächen gearbeitet werden.

**LANGSAMES TEMPO** **Der Mensch geht sehr aufrecht und der Hund reduziert entsprechend sein Tempo.**

## TEMPO-VERÄNDERUNG

Grundsätzlich verhält es sich bei der Ansprache aus der Bewegung hin zur Tempoveränderung wie bei der Ansprache aus der Bewegung (siehe Seite 78), nur dass nun nach der Ansprache eine Tempoveränderung erfolgt.

## LANGSAMES TEMPO

### Anleitung

**Oberkörper in Hohlkreuz öffnen**
Langsames Tempo bedeutet, dass sich Ihr Oberkörper nach der Ansprache fast in ein Hohlkreuz nach vorne öffnet. Das Tempo verlangsamt sich so automatisch, da Sie nun mehr „Widerstand" haben. Sie gehen wortwörtlich im Schritttempo.

**Blick und Kinn**
Ihr Blick geht auch hier zunächst wieder 4 bis 5 Meter nach vorne, Ihr Kinn ist parallel zum Boden. Der Schauspiellehrer Lee Strasburg hat diesen Gang einmal als „Schreiten wie Cleopatra" bezeichnet: Ihr Blick ist klar und deutlich nach vorne gerichtet, dennoch sehen Sie aus dem peripheren Sehvermögen heraus (Augenwinkelblick ohne Neigung des Kopfes) „Ihr Volk" – so die Übersetzung der Beschreibung von Lee Strasburg. Diese Gangart vermittelt viel Sicherheit. Denn nur wer sich seiner Ausstrahlung und seiner Wirkung sicher ist, wird sein Tempo reduzieren und damit alles andere um sich herum ausblenden.

**Der Hund folgt**
Ihr Hund sollte nun fast wie in Zeitlupe neben Ihnen laufen, sein Blick ist bei dieser Gangart häufig extrem in Ihre Richtung gerichtet.

**Wo üben**
Diese Übung können Sie auf Spaziergängen und am Longierkreis einüben und vertiefen.

**Mögliche Fehler**
Fehler passieren häufig, wenn der Mensch seinen Blick nicht vom Hund lösen kann und sein vorgegebenes Tempo nicht beibehält. Eine Tempoveränderung sollte immer durch einen erneuten Blick angekündigt werden.

**NORMALES TEMPO** **Hund und Mensch laufen spiegelbildlich miteinander.**

## NORMALES TEMPO

Normales Tempo bedeutet für den Dauertraber Hund – Trab in allen seinen Varianten, sofern die Geschwindigkeit auch mit Ihren Vorgaben zusammenpasst und von Ihnen vorgegeben wird.

**OHNE LEINE** **Hund und Mensch laufen spiegelbildlich und hochkonzentriert.**

### Anleitung

**Oberkörper, Blick und Kinn**

Ihr Oberkörper wird hierbei nach der Ansprache leicht nach vorne verlagert, wobei Ihr Blick auch hier wieder 4 bis 5 Meter nach vorne geht und Ihr Kinn parallel zum Boden bleiben sollte. Die Ausrichtung des Kinns bleibt dabei in allen Tempi gleich und Ihr Bauch ist leicht angespannt.

**Der Hund folgt**

Im besten Fall bleibt Ihr Hund auch bei dieser Tempoveränderung auf Höhe Ihrer Schulter und nimmt die Tempoveränderung fast spiegelbildlich an.

**Wo üben**

Üben können Sie diese Tempoveränderungen auf Spaziergängen und am Kreis.

**Mögliche Fehler**

Häufig wechselt der Mensch aufgrund von Haltungsschäden unbewusst in ein Hohlkreuz und bremst den Hund dadurch aus. Achten Sie daher auf die Haltung Ihres Oberkörpers.

## SCHNELLES TEMPO

Galopp ist für viele Hunde im Zusammenspiel mit ihrem Menschen nicht immer umsetzbar. Denn der Mensch kann diese Gangart nur schwer anzeigen, da er nach der Ansprache seinen Oberkörper nach vorne verlagern und dennoch seinen Blick entlang des Kreises nach vorne bringen muss.

### Anleitung

Theoretisch müssen Sie Ihren Oberkörper sehr weit nach vorne verlagern und, damit Sie nicht hinfallen, müssen Ihre Beine sehr schnell werden. Bei diesem Vorgang sollte Ihre Schulter stabil bleiben, Ihr Blick geht nach vorne und Ihr Kinn befindet sich parallel zum Boden. Befolgen Sie all diese Dinge, wird Ihr Hund auch im Galopp zu den von Ihren vorgegebe-

**ANSPRACHE** aus der Bewegung.

**ERHÖHUNG** des Tempos.

**FORTFÜHRUNG** der Schnelligkeit.

**SCHNELLIGKEIT** im Gleichschritt.

**SCHNELLIGKEIT** im Gleichschritt.

nen Konditionen mitlaufen. Tatsächlich gibt es aber auch Hunde, die fast nie in den Galopp verfallen, sondern ausschließlich innerhalb des Trabs Ihre Geschwindigkeit anpassen. Auch diese Tempoveränderung/Gangart kündigen Sie über den Schulterblick an. Üben Sie diese Tempoveränderung zuerst auf gerader Strecke und dann erst am Kreis.

## TEMPOWECHSEL

Zwischen den einzelnen Tempi können Sie frei wechseln, wichtig ist nur, dass jede Tempoveränderung über die Ansprache aus der Bewegung angekündigt wird und der Blick wieder entlang des Kreises nach vorne geht.

Später in der Distanzarbeit am Kreis, soll das angegebene Tempo immer so lange Bestand haben, bis Sie eine Tempoveränderung über den Schulterblick ankündigen. Das hat einen Grund: Wenn Sie später aus der Mitte heraus agieren, können Sie kaum dauerhaft mit geneigtem (für schnelles Tempo) oder aufrechtem (für langsames Tempo) Oberkörper laufen. Sie sind dann auf die Beständigkeit Ihres Hundes angewiesen, bis Sie Ihm neue Informationen liefern.
Damit das alles klappt, müssen die Tempi, genau wie alles andere auch, zunächst im Nahbereich besprochen und gefestigt werden, um dann später in der Distanz darauf zurückgreifen zu können und Missverständnisse zu vermeiden.

[1]

**UNERLAUBTER EINTRITT** Der Hund kommt unaufgefordert in den Kreis.

# Aus dem Kreis schicken

Der Kreis ist keine Tabuzone, Ihr Hund sollte ihn aber erst durch Ihre Einladung betreten und sich generell hinter Ihrer Schulter einordnen.

## WENN DER HUND UNGEFRAGT DEN KREIS BETRITT

Kommt Ihr Hund doch ungefragt in den Kreis, würde ich immer erst einmal zugunsten des Hundes von einer Einladung durch den Menschen ausgehen. Häufig ist es so, dass der Mensch den Hund angeschaut und dann leider den Blick nicht mehr entlang des Kreises nach vorne gebracht, sondern vom Hund direkt in den Kreis geschaut hat und damit den Hund aktiv in den Kreis gebeten hat. Will heißen: Bevor Sie Ihren Hund korrigieren, sollten Sie an Ihrem eigenen Blick und Ihrer Schulteröffnung arbeiten. Erst wenn das alles stimmig ist, sollten Sie Ihrem Hund deutlich seinen Laufraum zuweisen.
Auf der anderen Seite gibt es auch Situationen, in denen ich es begrüße, wenn ein Hund Nähe zu seinem Menschen sucht und deshalb in den Kreis eintritt. Das gilt besonders für Hunde, die eher nach außen orientiert sind und im Zweifel immer zu einem Konfliktherd (anderer Hund, Mensch mit Futter, Futter, etwas Unheimliches für den Hund etc.) laufen würden und sich bei der Arbeit am Kreis plötzlich vom Konflikt wegbewegen und stattdessen die Nähe seines Menschen suchen. Passiert das, sollten Sie Ihren Hund kurz „ankommen“ lassen und ihn dann freundlich aber konsequent wieder aus dem Kreis bringen. In einem weiteren Schritt könnte die Schwäche des Hundes sogar als Stärke des Menschen genutzt werden. Kurz vor dem Konflikt könnten Sie Nähe anbieten, also nah an den

Kreisrand gehen oder sogar den Kreis verlassen. Sie erklären Ihrem Hund damit: Die Laufwege, die ich Dir, lieber Hund, anbiete, sind sicher. Nach einigen Wiederholungen wird Ihr Hund dann auch ohne Ihre Nähe den Konfliktherd passieren können.

## SAGEN SIE DEM HUND, WAS SIE VON IHM MÖCHTEN

Generell gilt: Nach einer Unterbrechung, wenn Sie Ihrem Hund also körpersprachlich und/oder stimmlich sagen, dass es unhöflich/nicht gewollt ist, was er da macht, sollten Sie im Anschluss sofort sagen, was Sie eigentlich von ihm erwartet haben. Beginnen Sie in diesem Moment nicht mit irgendeiner komplett neuen Handlung. Einem menschlichen Gesprächspartner würden Sie ja auch sagen, dass Sie es unhöflich finden, wenn er Ihnen einfach ins Wort fällt. Sie würden wohl kaum ganz plötzlich etwas ganz anderes tun, während Ihr Gegenüber mit Ihnen spricht.

## FEHLER SOFORT VERZEIHEN

Wichtig ist, dass Sie nicht nachtragend sind und Ihrem Hund den „Fehler“ sofort verzeihen.
Die Stimmung zwischen Ihnen und Ihrem Hund während des Trainings ist von großer Bedeutung. Sind Sie nervös und aufgeregt, wird Ihr Hund sich leicht anstecken lassen – Stimmungsübertragung heißt hier das Zauberwort. Beim Rausschicken sollten Sie darauf achten, den Hund entweder erst wieder in eine stabile Position zu bringen oder ihn in der Bewegung aus dem Kreis zu führen, um ihn dann unmittelbar in die Bewegung hineinzunehmen.

[2]

[3]

[4]

**DAS HERAUSFÜHREN** aus dem Kreis und die Fortführung des Gesprächs.

# Stoppen

**GEMEINSAME BEWEGUNG** Mensch und Hund auf einem Weg.

**EINLEITUNG ZUM STOPP** Der Oberkörper beginnt mit der Drehung zum Hund.

**WEITERES EINDREHEN** zum Hund. Der Oberkörper führt die Drehung zum Hund fort.

**DER HUND** reduziert sein Tempo entsprechend der Bewegung des Menschen.

Wenn Sie Ihren Hund stoppen möchten, drehen Sie Ihren Körper so ein, dass Sie Ihrem Hund frontal gegenüberstehen, also im 90-Grad-Winkel. Ihr Blick sollte dabei kurz auf der Stelle außerhalb des Kreises verweilen, an der Ihr Hund anhalten/stoppen soll. Dabei dürfen Sie, gerade zu Beginn, gerne sehr dynamisch sein. Das hilft Ihnen und

**ANKOMMEN IM STABILEN STAND** **Der Mensch hat seine Stoppbewegung nahezu vollständig abgeschlossen.**

Ihrem Hund. Eher unwichtig ist, ob Ihr Hund sich nach dem Eindrehen hinsetzt oder stehen bleibt – beides ist in Ordnung. Auf jeden Fall gilt für Ihren Hund: „Da wo ich anhalte, bist Du herzlich willkommen!“

In diesem Fall, also dem „Stopp“, ist das Eindrehen Ihre Endbewegung. Denn wie bei allen Dingen im Leben, kommt es auch hier auf die Zielsetzung an. Möchten Sie z. B. weitergehen, drehen Sie Ihren Oberkörper nur kurz ein, um ihn dann wieder nach vorne zu öffnen und weiterzugehen.

Wichtig ist, dass Ihr Hund beim Eindrehen des Menschen einfach nur stoppt und seine Bewegung enden lässt.

Der ein oder andere Hund setzt sich beim Stopp automatisch hin, bei anderen ist es sinnvoll, sie nach dem Stopp gezielt hinzusetzen. Entscheidend bei den Stopps ist, dass Ihr Hund das von Ihnen formulierte Ziel annimmt und anhält – vorausgesetzt, Sie haben nach dem Stopp Ihren Blick auch nach oben herausgenommen und somit die Stelle vor sich freigegeben: „Den Raum vor mir biete ich Dir, sei herzlich willkommen.“

**ENDPOSITION** **Der Blick des Menschen ist nach oben herausgenommen.**

**004** Zum Film **Stoppen**

# Ansprache aus der BEWEGUNG

# Ansprache aus der Bewegung üben

Bei der Ansprache aus der Bewegung geben Sie Ihrem Hund mittels Körpersprache lediglich die Richtung vor, in die er sich bewegen soll. Es geht nicht darum, dass Sie irgendwie den Blick Ihres Hundes erhaschen – das wirkt weder souverän noch nimmt Ihr Hund Ihnen die Rolle des Gesprächsführenden dann wirklich ab.

## DER HUND BEOBACHTET SIE UND FOLGT IHNEN

Ziel ist es, dass Sie Ihren Hund dazu bringen, dass er Sie von oben nach unten beobachtet. Er soll erkennen, dass es sich lohnt, Sie von oben nach unten anzuschauen, da Sie über die notwendige körpersprachliche Kompetenz verfügen.

## WENN DER HUND DIE ANSPRACHE VERPASST

Zwar gehen Sie dabei das Risiko ein, dass Ihr Hund Ihre Ansprache verpasst – das ist aber nicht weiter schlimm. War er gedanklich nur kurz abwesend, wird er Ihrem Gesprächsangebot bereits mit Ihrer nächsten Bewegung wieder folgen. Damit er das auch kann, öffnen Sie Ihren Blick und Ihren Oberkörper wieder langsam von hinten nach vorne entlang des Kreises. Das Feedback, ob Ihr Hund Ihre Ansprache diesmal mitbekommen hat, bekommen Sie über die Leine. Lässt Ihr Hund sich zurückfallen, wird die Leine stramm und das Gespräch zwischen Ihnen und Ihrem Hund wird unterbrochen.

## FEHLER VERMEIDEN

Bleibt Ihr Körper zu lange nach hinten geöffnet, könnte sich Ihr Hund durch Ihren Blick und Ihren Oberkörper nach hinten gedrückt fühlen. Stellen Sie sich vor, Sie würden einen Menschen zu sich rufen, Ihren Oberkörper dabei nach vorne verlagern und den Menschen intensiv anstarren. Würden Sie sich diesem Menschen nähern?

Mit der Ansprache aus der Bewegung verhält es sich ähnlich wie mit der Ansprache aus dem Stand. Über Ihren Blick geben Sie Ihrem Hund auch hier den weiteren Weg vor. Möchten Sie schneller werden, neigen Sie Ihren Oberkörper ein Stück weit nach vorne und lassen Sie Ihre Schritte schneller werden. Hat Ihr Hund diese Anweisung verstanden, können Sie sich während des Laufens wieder aufrichten. Bei der Ansprache aus der Bewegung werden Sie merken, ob Ihr Hund bei Ihnen ist oder nicht. Im Idealfall schaut er permanent in Ihre Richtung und läuft exakt auf Schulterhöhe. Ist Ihr Hund nicht bei Ihnen, spannt sich die Leine und Sie bekommen damit ein direktes Feedback. In diesem Fall sprechen Sie Ihren Hund erneut aus der Bewegung an. Durch das Öffnen wird die Leine automatisch wieder locker: Neue Ansprache, neues Glück!

**Wichtig:** Je mehr Dynamik Sie in Ihre Handlungen legen, desto ungenauer werden diese.

**ÖFFNEN DES OBERKÖRPERS** Der Mensch verlagert sich aus der Bewegung zum Hund.

# Der Einsatz von Blick, Oberkörper und Füßen

## BLICK

Ihr Blick geht während des Laufens immer am Kreisrand bzw. an den Hütchen entlang. In dem Moment, in dem Sie ca. fünf Meter nach vorne schauen, hebt sich Ihr Kinn automatisch und Ihr Blick geht nach oben. Stellen Sie sich vor, Sie wären ein bisschen arrogant und überheblich, ein bisschen hochnäsig – so laufen Sie im Inneren des Kreises entlang.
Jede Veränderung, die Sie Ihrem Hund ankündigen, passiert durch den Schulterblick. Je genauer Ihr Blick, desto besser versteht Ihr Hund, was Sie von Ihm möchten. Und so lange kein neuer Blick kommt, bleibt das zuletzt Gesagte im besten Fall bestehen.
Fast alle Hunde orientieren sich am Blick Ihres Menschen. Im Umkehrschluss bedeutet das, dass Sie Ihren Hund mit Ihrem Blick blitzschnell in den Kreis holen und ihn langsamer oder schneller machen können.
Schauen Sie während des Laufens also über Ihre Schulter zurück und dabei Ihren Hund an, so machen Sie ihn im langsamer, Sie drücken ihn quasi mit Ihrem Blick zurück. Gucken Sie hingegen nach vorne, nach oben und somit entlang Ihres Weges, wird Ihr Hund wieder beschleunigen und zu Ihnen aufschließen.
Gesten, Körpersprache und Mimik können am Anfang ruhig übertrieben eingesetzt werden – das hilft Mensch und Hund.

## OBERKÖRPER

Ihr Oberkörper ist Ihr Tempomacher. Möchten Sie also schneller werden, neigen Sie Ihren Oberkörper ein Stückchen nach vorne und lassen Sie Ihre Schritte schneller werden. Hat Ihr Hund diese Anweisung verstanden, können Sie sich während des Laufens wieder aufrichten und Ihren Oberkörper wieder gerade machen.
Möchten Sie beispielsweise nach rechts gehen, ist es Ihre rechte Schulter, die öffnet und Ihren Oberkörper auf den Laufweg führt. Ihre rechte Schulter ist also in diesem Fall die führende Schulter. In der Bewegung bedeutet das, dass zunächst Ihre linke Schulter den Oberkörper so weit öffnet, dass sich Ihr Hund wieder auf der Höhe der Mitte Ihres

**DER BLICK** in der Ansprache.

**DER OBERKÖRPER** in der Ansprache.

**GESAMTWAHRNEHMUNG Körpersprachliche Ansprache aus der Bewegung und der reaktive Blick des Hundes zum Menschen.**

Oberkörpers befindet. Direkt danach öffnet aber wieder die rechte Schulter Ihren Oberkörper in die gewünschte Laufrichtung. Ihr Hund wird sozusagen von hinten wieder auf Schulterhöhe „gezogen“. Während der gesamten Bewegung bleibt Ihr Kopf immer gerade auf der Mitte Ihres Körpers ausgerichtet – Sie neigen also nicht erst den Kopf, bevor Ihre Schultern folgen. Kopf und Oberkörper stellen also eine Bewegungseinheit dar.
Um das Tempo während des Laufens zu variieren, sprechen Sie Ihren Hund kurz mit der Schulter an und nehmen Sie diese ein kleines Stückchen vor. Setzen Sie Ihren Weg dabei wie geplant fort.
Wenn Sie anhalten möchten, drehen Sie Ihren Körper wieder frontal zum Hund, Ihr Blick geht dabei über den Hund hinaus, Sie stehen stabil.
**Wichtig:** In dem Moment, in dem Ihr Oberkörper sich zum Hund öffnet, sollten Sie Ihren Hund mit seinem Namen ansprechen – gerade zu Beginn des Trainings. Hier findet eine Synchronisation zwischen verbaler Sprache und Körpersprache statt. Wichtig ist, dass Ihr Hund sich angesprochen fühlt, um danach Ihre weiteren Informationen aufzunehmen. Den Namen Ihres Hundes zu sagen ist häufig die „netteste“ Art der Unterbrechung: „Hund, egal was DU gerade tun möchtest, lass es sein und folge meinem Angebot.“

## FÜSSE

Jede Bewegung endet in Ihren Füßen und in der Bewegung verstehen sich Ihre Füße als Pendant zu den Pfoten Ihres Hundes – jedenfalls sollte es so sein. Ihre Füße und die Pfoten Ihres Hundes laufen sozusagen auf einer Höhe nebeneinander her.

**005** Zum Film
**Ansprache aus der Bewegung**

# SYNCHRONISATION
## *von Körpersprache und verbaler Sprache*

**HUND UND MENSCH AUF EINER HÖHE** Der Hund schaut den Menschen an, der Blick des Menschen ist nach vorne gerichtet. Der perfekte Moment, den Hund auch in dieser Körperhaltung zu loben.

# Sprache

**DER PERFEKTE MOMENT FÜR EIN LOB** **Die Bestätigung für richtiges Verhalten.**

Auch wenn es hier in erster Linie um körpersprachliche Kommunikation mit dem Hund geht, so hat auch die gesprochene Sprache Ihre Berechtigung und ihren Platz.

## VERBALES LOB IN EINKLANG MIT DER KÖRPERSPRACHE

Häufig kommt an diesem Punkt die Frage nach dem verbalen Lob. Sie ist nur mit Logik zu beantworten. Wir Menschen haben gelernt, anderen Menschen „alles ins Gesicht zu sagen“. Das Problem für den Hund ist, dass das ins Gesicht gesagte Lob für ihn bedeutet: „Weiche zurück und bleibe hinter mir“, da sich der Oberkörper zum Hund dreht und der Druck aufrecht gehalten wird. Folgerichtig müssten Sie das Lob eigentlich nach vorne sprechen, wenn der richtige Zeitpunkt dafür gekommen ist und Ihr Oberkörper die gleiche Sprache spricht, also leicht nach vorne geneigt ist. Das ist für Sie sicher ungewohnt, Ihr Hund wird es aber gerne annehmen.

### Verbales Lob ist kein Muss

Darüber hinaus braucht Ihr Hund im Rahmen des körpersprachlichen Longierens nicht zwingend ein verbales Lob. Hunde sind Weltmeister im Erkennen von Stimmungen – nicht nur beim Longieren. Bereits wenn Sie morgens aufstehen, spürt Ihr Hund, wie es Ihnen geht. Beim Longieren ist es nicht anders. „Bodytalk“ ist die Devise. Allerdings kann Ihre Stimme zur Erhellung der Stimmung Ihres Hundes beitragen. Dazu ein einfaches Beispiel: Wenn Sie sich nach vorne bewegen und dabei Ihren Hund zusätzlich freundlich ansprechen, wird dieser wahrscheinlich anfangen, mit der Rute zu wedeln und sich Ihnen entgegenrecken, er klebt dann sinnbildlich an Ihren Lippen.

Die Arbeit auf

# DISTANZ

# Distanzvergrößerung

Die technischen Grundlagen des körpersprachlichen Longierens sind in den vorausgegangenen Kapiteln ausführlich erläutert worden. Nun ist der Moment gekommen, in dem Sie durch die Vergrößerung der Distanz die erste Ernte Ihrer Arbeit im Nahbereich einfahren können. Haben Sie Ihrem Hund im Nahbereich die Genauigkeit Ihrer Körperhaltung und Ihres Blickes erklärt, wird er das „System" bei der weiteren Arbeit auf Distanz ebenfalls verstehen und ausführen. Es geht bei der Distanzarbeit um Raum geben einerseits und um Raum einnehmen andererseits. Obwohl der Mensch der Gesprächsführende ist, darf der Hund im Rahmen des Gesprächsverlaufs eigene Entscheidungen treffen.

## VON HÜTCHEN ZU HÜTCHEN

Bei der Distanzvergrößerung aus der Bewegung ist zunächst das Viereck relevant. Ihr Blick geht nun nicht mehr 5 Meter, sondern bis zu 8 Meter entlang des Kreises, also von Hütchen zu Hütchen. Daraus ergibt sich, dass der Laufweg des Hundes und der Laufweg des Menschen sich immer bei dem nächstfolgenden Hütchen treffen, wobei der Mensch eine Gerade zu dem Hütchen läuft. Der Hund läuft derweil seinen Weg entlang des Kreises, den der Mensch mit seinem Blick angezeigt hat. Ihr Hund darf und muss das Tempo dabei nun selbstständig erhöhen, denn sein Laufweg ist länger als Ihrer.

**DISTANZVERGRÖSSERUNG** **aus der Statik.**

**DISTANZVERGRÖSSERUNG** **aus der Bewegung.**

## DER HALBE KREIS

Klappt es gut mit dem Viereck, öffnen Sie nach dem Schulterblick nun bis zum übernächsten Hütchen. Dadurch laufen Sie nun praktisch einen halben Kreis. Der Abstand zwischen Ihnen und dem Kreisrand erhöht sich nun auf nahezu 5 bis 8 Meter. Funktioniert die Arbeit mit diesem Abstand, gehen Sie nun nicht mehr bis zum Kreisrand, sondern öffnen immer nur noch bis zum nächsten Fixpunkt. Sie müssen während der Arbeit auf Distanz nicht permanent an den Kreis kommen. Ziel ist ja, dass Sie die Mitte erreichen. Die Bewegungsabfolge bleibt dabei die gleiche, Sie öffnen sich allerdings nur noch bis zum Oberkörper. Ihr Blick geht jetzt vom Hund entlang des Laufweges und öffnet sich bis zum nächsten Hütchen (aufgrund des Abstandes zu Ihrem Hund, der jetzt mindestens 5 Meter beträgt). Je klarer der Mensch mit seinem Blick und seinem Oberkörper den Laufweg des Hundes ausschauen kann, desto leichter kann er seinen eigenen Laufweg verringern und in der Folge die Distanz zum Hund vergrößern.

**SCHULTERBLICK** **Die öffnende Bewegung aus der Perspektive des Hundes.**

**DISTANZVERGRÖSERUNG** bis zum halben Kreis.

## Info

### SCHULTERBLICK

Ihr Hund läuft links neben Ihnen. Wollen Sie Ihren Hund ansprechen, öffnen Sie Ihren Oberkörper zum Hund, dabei fällt Ihr Blick für einen kurzen Moment auf Ihren Hund. Sie haben Ihren Hund nun frontal vor der Mitte Ihres Körpers. In dem Moment, in dem Sie öffnen, können Sie gleichzeitig den Namen Ihres Hundes sagen. Schauen Sie nicht nach, ob Ihr Hund auch auf Ihre Ansprache reagiert, sondern führen Sie Ihren Blick wieder entlang des Laufweges Ihres Hundes, also entlang des Kreises, sodass Ihr Oberkörper wieder gerade ist. Sie befinden sich nun wieder in Laufrichtung und Ihr Hund kann auf Schulterhöhe zu Ihnen aufschließen. Am besten ist es, wenn Sie Ihrem Hund den Schulterblick „erklären", wenn er gerade mental bei Ihnen ist. Denn dann gilt die Devise: „Egal, was Du gerade tust, erhöhe Deine Konzentration in meine Richtung und schau, was ich Dir anbieten kann."
Der Schulterblick entspricht dem eigentlich in der Straßenverkehrsordnung vorgesehenen Schulterblick beim Autofahren. Der Oberkörper öffnet sich nach schräg hinten, damit sich das Blickfeld vergrößert und der folgende Verkehr beobachtet werden kann. Der Schulterblick sollte jedoch nur einen Augenblick hinten verweilen und zeitnah wieder nach vorne auf den vorderen Straßenbereich geführt werden und dort verweilen. Tut man dies nicht, würden wohl noch mehr Unfälle passieren. Der Blick sollte immer in Fahrtrichtung gerichtet sein.

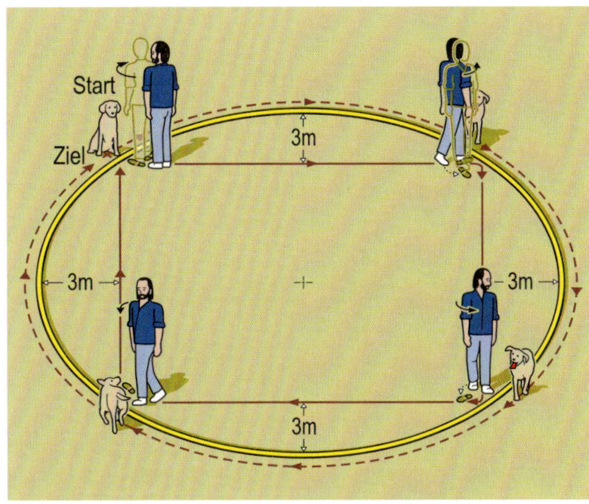


**DISTANZVERGRÖSSERUNG AUS DER BEWEGUNG.** Der Mensch läuft ein Viereck innerhalb des Kreises. Dadurch vergrößert sich immer wieder der Abstand zum Hund. Beide laufen dennoch Schulter an Schulter. An den Eckpunkten des Vierecks öffnet der Mensch zum Hund, um dann wieder entlang des Kreises zu öffnen.

006 Zum Film
**Distanzaufbau aus der Bewegung**

**ANSPRACHE** zur Distanzvergrößerung.

**ERSTE SCHRITTE** in der Distanz.

## AUS DER STATIK

Die Distanzerhöhung aus der Statik heraus ist keine ganz einfache Sache, da der Mensch sich hier auf einen Punkt genau öffnen muss. Das Prinzip ist das gleiche wie bei der Distanzvergrößerung aus der Bewegung. Sie müssen sich bei der Distanzvergrößerung aus der Bewegung exakt auf einen Punkt öffnen, also auf ein Hütchen. Ihr Laufweg geht auch genau dort hin.

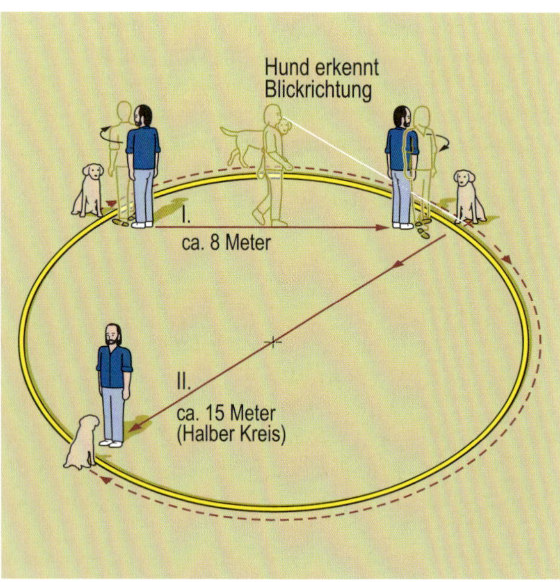


**DISTANZVERGRÖSSERUNG AUS DER STATIK**
**Der Mensch vergrößert meterweise seine Distanz zum Hund und der Hund läuft dennoch weiter auf Schulterhöhe. Beide kommen schließlich wieder gemeinsam an einem Punkt an.**

Ihr Blick kommt von außen auf das Hütchen und Ihr Laufweg geht von innen heraus zum Hütchen. Das klingt vielleicht komisch, beschreibt aber neben dem „Kameraschwenk" den exakten Lauf Ihres Blickes. Üben können Sie dieses gezielte Öffnen hervorragend mithilfe der Ball- und Tassenübungen (siehe Seite 35, 36). Besonders wichtig ist in diesem Zusammenhang Ihr Schulterblick (siehe Seite 87). Dieser ist identisch mit dem Schulterblick beim Autofahren. Auch hier geht der Blick des Menschen für einen kurzen Moment schräg nach hinten und wird dann wieder entlang der Straßenführung meist gerade nach vorne gebracht.

## AN ZWEI KREISEN

Arbeiten Sie an zwei Kreisen, muss ihr Hund erst einmal wissen, wie er laufen soll. Wenn Sie den Kreis in Viertel einteilen und dann zwischen den Kreisen die Kreise wechseln möchten, vergrößert sich der Abstand zwischen Ihnen und Ihrem Hund notwendigerweise. Wie bei der Arbeit an einem Kreis, geben Ihr Blick und Ihr Oberkörper auch hier wieder die Richtung vor, in diesem Fall erst einmal bis zum Wechselpunkt. Der Laufweg Ihres Hundes macht nun einen Bogen und Ihr Laufweg beschreibt eine Gerade zum Wechselpunkt. Ihr Hund und Sie kommen gemeinsam am Wechselpunkt an. Der Abstand zwischen Ihnen und Ihrem Hund beträgt während dieser unterschiedlich gestalteten Wege ca. 3 bis 4 Meter.

**SPIEGELBILDLICHE SCHRITTE** in der Distanz.

Spannend bei den Distanzvergrößerungen ist, dass Ihr Hund erstmals selbstständig das Tempo bestimmen darf und muss, denn sein Laufweg ist länger als Ihrer. Damit Ihr Hund auf Schulterhöhe bleibt, und gemeinsam mit Ihnen tatsächlich am Hütchen ankommt, muss er „Gas" geben. Jedoch sollte er, am Wechselpunkt angekommen, sein Tempo wieder Ihrem anpassen.

Ihr Hund darf alles machen, alles ist erlaubt, wenn er am Wechselpunkt nur seine Geschwindigkeit wieder reduziert. Das gilt natürlich auch bei der normalen Distanzvergrößerung. Klappt die Arbeit an einem Viertelkreis gut, können Sie jetzt aus der Hälfte heraus starten. Der nachfolgende Wechsel ist der Abruf aus der Distanz, also alleiniger Wechsel des Hundes ohne „Begleitung" des Menschen:
Bei diesem Wechsel müssen Sie auf zwei Ebenen planen: Sie müssen Ihr Endziel bestimmen und gleichzeitig planen, dass Ihr Hund hierzu einen Weg um die Kreise „erklärt" und gezeigt bekommen muss. Ihr Hund muss also erst um die ersten Bögen geführt werden, um dann den weiteren Weg annehmen zu können. Dieser Moment ist einer der spannendsten Momente beim Longieren, da Ihr Hund das erste Mal selbstständige Entscheidungen treffen darf und muss, um immer auf gleicher Höhe mit dem Menschen zu sein.

**GEMEINSAM** am Ziel.

# GESPRÄCHSVERTIEFUNG

## *Die Arbeit an zwei Kreisen*

**[1] Der Weg zum Wechsel.**

**[2] Der Schritt aus dem Kreis.**

**[3] Die Öffnung zum Hund.**

**[4] Weitere Drehung zum Hund.**

**[5] Ansprache aus der Drehung.**

**[6] Eröffnung des neuen Kreises.**

[1]

[2]

[3]

[4]

[5]

[6]

# Kreis-WECHSEL

# Kreiswechsel üben

Beim Kreiswechsel haben Sie mindestens drei Zielsetzungen: Wo ist mein Wechselpunkt? Wohin will ich nach dem Wechsel gehen? Was möchte ich danach machen? Nicht ganz einfach ist, dass Sie Ihrem Hund nun den Weg aus der Bewegung über Ihren Blick und Ihren Oberkörper erklären, und dabei noch die Balance für Ihren eigenen Körper behalten müssen. Das hört sich nach der Königsdisziplin des Longierens an, hier kommt alles zusammen: das Raum-Zeit-Gefühl, Nähe-Distanz-Nähe usw. Eigentlich werden hier aber nur die bisher erlernten Abläufe miteinander verknüpft.

## WECHSEL ANKÜNDIGEN

Einen Kreiswechsel sollten Sie Ihrem Hund gegenüber schon recht früh ankündigen, denn je früher Sie sich im Klaren sind, was Sie tun wollen, desto deutlicher können Sie sich ausdrücken und Ihrem Hund das entsprechende Angebot formulieren.
Damit Sie das auch können, sollten Sie sich spätestens einen Viertelkreis vor dem Wechsel entschieden haben, wo Sie wechseln wollen und wohin Sie im Anschluss gehen wollen.
Bei der Ankündigung des Wechsels sprechen Sie Ihren Hund nochmals mit Blick/Stimme und Oberkörper an. Nach der Ansprache geht Ihr Blick jedoch entlang des Kreises (Laufweg des Hundes) bis zu der exakten Wechselstelle (diese Stelle können Sie zuvor mit einem Hütchen markieren). Ihr Blick läuft dabei von außen kommend auf den Wechselpunkt zu und Ihr Laufweg geht gerade zum Wechselpunkt. Der Blick geht nach der Öffnung bis zum Wechselpunkt und wird dann entkräftend nach oben geführt.
An der Wechselstelle treffen sich Ihr Blick und Ihr Laufweg, und zwangsläufig endet auch dort für einen kurzen Moment der Laufweg Ihres Hundes.

## AN DER WECHSELSTELLE EINDREHEN

An der Wechselstelle angekommen, drehen Sie sich zu Ihrem Hund, wie bei einem Stopp, jedoch mit der Zielsetzung, im Nachgang direkt wieder den neuen Weg anzuzeigen. Aus der Bewegung dreht sich Ihr Oberkörper zum Hund – vorausgesetzt Ihr Hund läuft links. Dies sollten wir an diesem Punkt einfach unterstellen, wenn Sie sich so drehen, dass Ihr gesamtes Körpergewicht kurz auf dem rechten Fuß aufgefangen wird. In dem Moment des Eindrehens sprechen Sie Ihren Hund wieder kurz über Blick/Name und Ihre Oberkörperstellung an.

## IN LAUFRICHTUNG DES HUNDES ÖFFNEN

Danach öffnen sich Ihr Blick und Ihr Oberkörper wieder in Richtung des Laufweges Ihres Hundes, Ihr Blick läuft außerhalb entlang des Kreises. Durch diesen Kreiswechsel läuft Ihr Hund dann plötzlich auf Ihrer anderen Seite, Ihre Laufrichtung ist nun links. Natürlich geht auch alles anders herum. Alle Einzelelemente, die vorher erarbeitet wurden, werden hier zusammengeführt.
Am Wechselpunkt drehen Sie sich zu Ihrem Hund (auch „Belgischer Wechsel“ genannt), so wie bei einem normalem Stopp. In meinen Workshops bezeichne ich diesen Wechsel

### Info

**Der Kreiswechsel ist ein Element, um die Distanz zum Hund zu erhöhen. Mensch-Mensch-Übungen können auch hier zu Beginn helfen, das Führen und Geführtwerden zu üben.**

immer als „Frontalen Wechsel". „Frontal" deshalb, weil Sie Ihren Hund für einen kurzen Moment direkt/frontal vor sich haben, Tempo herausnehmen und zur Not ganz stoppen können. Gerade langsame Bewegungen führen häufig zur Erhöhung der Konzentration.

## FLIESSEND DEN KREIS WECHSELN

Flüssig wird der Wechsel, wenn Sie schon vor dem Eindrehen wissen, wohin Sie danach öffnen wollen und wohin Ihr Hund dann laufen soll. Läuft Ihr Hund vorher auf der linken Seite und soll er danach rechts von Ihnen laufen, drehen Sie sich zum Hund ein, verlagern Ihr Gewicht auf Ihren rechten Fuß, öffnen nun Ihren Oberkörper leicht nach links und öffnen dann auch nach links.
Ihr Blick geht bei dieser Aktion beim kurzen Eindrehen auf Ihren Hund, dann in der Öffnung entlang des Laufweges. Stellen Sie sich diese Bewegung wie das Öffnen einer Tür in einem dunklen Raum vor. Sie kommen mit Ihrem Hund an diese Tür, drehen sich zu Ihrem Hund, öffnen die Tür und Ihr Hund läuft entlang des einfallenden Lichtscheins außen, Sie laufen innen.
Wichtig bei dieser Öffnung nach links ist nun die erneute Orientierung entlang des Kreises, möglichst wieder auf einen Endpunkt zu.

Alternativ können Sie bei dieser Art des Wechsels im zweiten Kreis auch weiter in die gleiche Richtung laufen. Das bedeutet, dass Ihr Hund weiter links läuft. Um also weiter in die gleiche Richtung zu laufen, drehen Sie sich wie bei einem geplanten Richtungswechsel zu Ihrem Hund ein. Jetzt verlagern Sie Ihr Gewicht beim Eindrehen kurz auf den rechten Fuß, um dann in Form eines Wiegeschritts wieder auf dem linken Fuß weiterzumachen (vergleichbar mit dem „Fliegenden Wechsel"). Ihr Blick fällt dabei zuerst auf Ihren linken Fuß und dann auf Ihren Hund. Anschließend öffnen Sie, Blick und Oberkörper deuten entlang des Kreises.

Nur bei diesem „Frontalen Wechsel" sind Sie in der Lage, sich neu zu orientieren und Ihrem Hund dies auch verständlich und deutlich zu erklären. In dem Moment des Eindrehens, liegt gleichzeitig die Möglichkeit der erneuten Ansprache zur Eröffnung der neuen Laufrichtung. Die Bewegung kann auch als Wiegeschritt, d. h. von einem Bein auf das andere, gesehen werden.

## FRÜHZEITIG INFORMATIONEN GEBEN

Wichtig ist und bleibt, dass Sie immer frühzeitig wissen, wohin Sie gehen und wann und wo Sie wechseln möchten. Nur dann wird Ihr Hund die von Ihnen gegebene Information auch rechtzeitig lesen, verstehen und umsetzen können. Je zielstrebiger Ihre Bewegungen sind, desto unmissverständlicher kommen sie bei Ihrem Hund an.
Sicher kennen Sie folgende Situation: Sie gehen durch eine belebte Einkaufsstraße und es kommt Ihnen jemand sehr zielstrebig entgegen und macht keine Anstalten, irgendwie auszuweichen. Was machen Sie? Sie weichen aufgrund dieser klaren Formulierung aus. Oder anders gesagt: Wenn jemand vor Ihnen im Auto ohne zu blinken abbiegt, ärgern Sie sich und es könnte außerdem einen Unfall geben.
Stellen Sie sich den Kreiswechsel wie „Raumgeben und Raumnehmen" vor. Die angewendeten Technikelemente sind identisch mit den zuvor erarbeiteten Elementen. Denken Sie einfach an die allseits bekannte Szene aus dem Film „Dirty Dancing": Mein Tanzbereich, dein Tanzbereich!
Aus einem anderen Blickwinkel betrachtet, kann der Wechsel auch als ein Moment der Stille genutzt werden: „Bis dahin darfst Du laufen (Wechselpunkt), hier halten wir kurz an und genießen den gemeinsamen Moment. Dann eröffne ich Dir wieder den Weg."
Dieser Weg eines stillen Moments ist gerade bei schnellen und „flüchtig zuhörenden" Hunden eine sinnvolle Sache.

# MEIN TANZBEREICH
## *Dein Tanzbereich*

[1]

[2]

[3]

[4]

[5]

**[1]** Einleitung zum dynamischen Kreiswechsel.

**[2]** Eindrehen zum Hund.

**[3]** Wiegeschritt zur Ansprache.

**[4]** Verlagerung zur Öffnung.

**[5]** Eröffnung der neuen Laufrichtung.

# Im Nahbereich und aus der Distanz

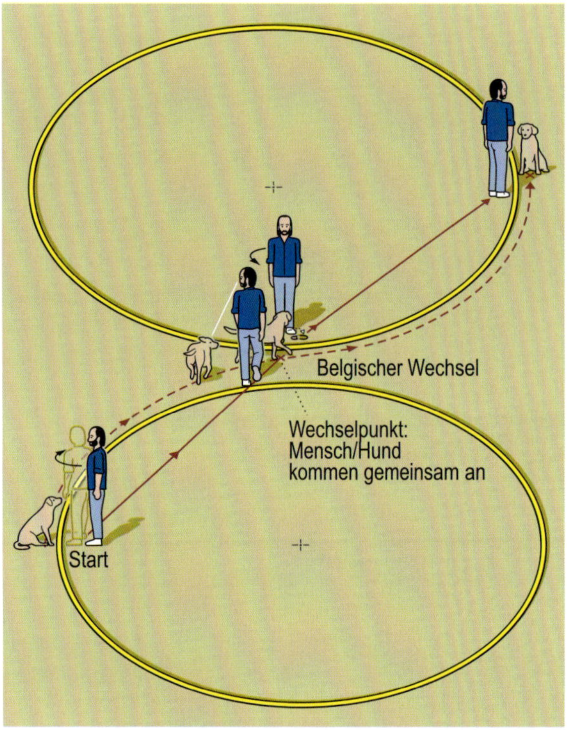


**KREISWECHSEL im Nahbereich. Für Ihren Hund und den Kommunikationsfluss ist es wichtig, dass Sie bereits vor dem Kreiswechsel wissen, wohin Sie gehen wollen.**

## KREISWECHSEL IM NAHBEREICH

Sind Sie schon mal im Stadtverkehr hinter jemandem hergefahren, der sich richtig gut auskannte? An den richtigen Stellen beschleunigte oder verlangsamte er seine Geschwindigkeit, weit vor dem Abbiegen kündigte er sein Vorhaben durch einen Schulterblick und das Setzen des Blinkers an. So konnten Sie sich gut auf Ihren Vordermann einstellen. Dieses Bild fällt mir immer ein, wenn ich an den Kreiswechsel im Nahbereich denke. Auch hier geht es darum, fair gegenüber dem Hund zu sein und ihm die Möglichkeit zu geben, dem Gespräch zu folgen.

### Wissen, wohin Sie wollen

Wenn Sie den Kreis wechseln wollen, sollten Sie sich bereits frühzeitig überlegen, wo Sie den Kreiswechsel vornehmen und wohin Sie dann anschließend gehen wollen. Sobald Sie wissen, wohin Sie wechseln wollen, können Sie Ihren Gesprächspartner Hund durch einen Schulterblick von einer neuen Aktion unterrichten und dann Ihren Blick und Oberkörper auf den Wechselpunkt führen.

Dabei läuft Ihr Blick wieder entlang des Kreises, der auch der Laufweg Ihres Hundes ist, und Ihr eigener Laufweg geht in einer geraden Linie bis zum Wechselpunkt. Wichtig ist dabei, dass Sie Ihren Laufweg tatsächlich beibehalten. Denn Ihr Hund sollte Ihnen im Normalfall den Weg freigeben und selbigen nicht durchkreuzen.

Am Wechselpunkt kommen Sie und Ihr Hund dann, trotz der unterschiedlichen Laufwege, gleichzeitig an. Sie selbst sollten darauf achten, nicht schneller zu werden. Häufig ist es so, dass wir Menschen aus Sorge, der Hund könnte zu schnell werden, unseren Oberkörper nach vorne verlagern und schneller werden. Am Wechselpunkt angekommen, drehen Sie sich zu Ihrem Hund ein, schauen ihn kurz an und öffnen dann in die von Ihnen zuvor angedachte Richtung (in diesem Fall nach links). Ihr Blick liegt beim Eindrehen mit Ihrem Gewicht auf Ihrem rechten Fuß und ist für Ihren Hund somit eine erneute Ansprache. Ihr Blick und Ihr Oberkörper geben dann wieder die Richtung entlang des Kreises und somit den Laufweg Ihres Hundes vor. Auch hier geht es wieder bis zum nächsten Orientierungspunkt.

007 Zum Film
**Kreiswechsel im Nahbereich**

**008** Zum Film
**Kreiswechsel aus der Distanz**

## KREISWECHSEL AUS DER DISTANZ

Beim Distanzaufbau entfernen Sie sich immer ca. einen Meter weiter von Ihrem Hund. Auch hier gilt der Grundsatz: Läuft Ihr Hund zu spät los, sollten Sie sich den Start zunächst erneut im Nahbereich anschauen. Von dort aus gehen Sie dann wieder Schritt für Schritt bzw. Meter für Meter in die Distanz. So können Sie genau analysieren, was bei den einzelnen Veränderungen wann und wo schiefläuft. In der Distanz selbst haben Sie nämlich keine Möglichkeit mehr, Veränderungen herbeizuführen.

Läuft Ihr Hund z. B. immer wieder durch den Kreis, sollten Sie auf Ihre Blicke im Nahbereich achten und diese erneut überprüfen. Wo schauen Sie wie lange hin, schauen Sie Ihren Hund an, wie lange etc.? Es ist wie in einer Beziehung: Wenn Sie zu Beginn einer Beziehung nicht klar und deutlich Ihre Wünsche und Bedürfnisse formulieren (z. B. einmal im Jahr fahre ich mit meiner besten Freundin in den Urlaub), sondern dies erst tun, wenn Sie einen Streit mit Ihrem Partner haben, wird dieser das Bedürfnis (Urlaub mit dem Freund/der Freundin) falsch verstehen und nicht richtig einordnen können. Deshalb sollten Sie Ihre Zielsetzung auch immer wieder bei jeder Distanzvergrößerung klar und deutlich formulieren. Beim Aufbau verwende ich hier eine gedachte S-Form (zwei Viertel-Kreise). Funktioniert diese S-Form, wird der Wechsel von Ihnen nach und nach früher angekündigt (Meter für Meter), bis die Ankündigung schließlich auf dem halben Kreis erfolgt und Sie und Ihr Hund sich dennoch gleichzeitig in der Mitte der Kreise zum Wechsel treffen. Sie können Ihren Hund anschließend entlang des Kreises zur Mitte des zweiten Kreises führen.

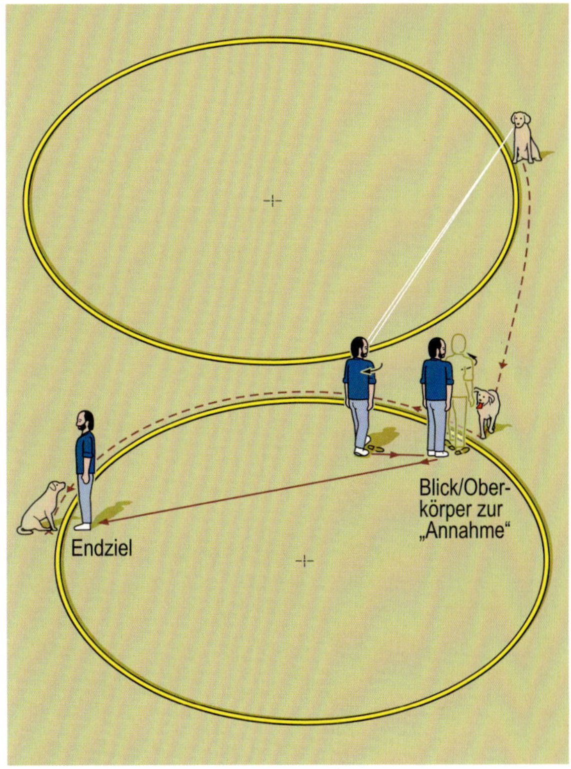


**KREISWECHSEL AUS DER DISTANZ**
Systematischer Aufbau des Viertelkreises.

**AUF DISTANZ** ist es besonders wichtig, dass Sie Ihre Wünsche klar und deutlich formulieren können.

# DER KREISWECHSEL
## *mit Schnelligkeit und Präzision*

**[1–3] Einleitung des dynamischen Kreiswechsels.**

**[4–6] Vom dynamischen Eindrehen zum Hund bis hin zur Ansprache aus der Bewegung.**

**[7–8] Eröffnung des zweiten Kreises und Fortführung des Gesprächs an diesem.**

**[1–6] Fußstellung beim Kreiswechsel aus der Hinteransicht. [7–11] Fußstellung beim Kreiswechsel aus der Frontansicht.**

# Kreiswechsel in eine Acht und in ein Oval

## ÜBUNGSAUFBAU

### Auf Höhe des Viertelkreises absetzen

Ihr Hund wird nun aus der Übung „Kreiswechsel im Nahbereich“ (siehe Seite 96) zunächst auf Höhe des Viertelkreises abgesetzt bzw. abgestellt. Drehen Sie sich zu Ihrem Hund ein, Ihr Blick geht über Ihren Hund hinweg. Vorausgesetzt Ihr Hund wird nun nicht mehr mit Blick und Gewichtsverlagerung angesprochen, wird er die vorgegebene Position einhalten, ohne ein stabilisierendes Kommando zu erhalten. Darauf sollten Sie sogar verzichten.

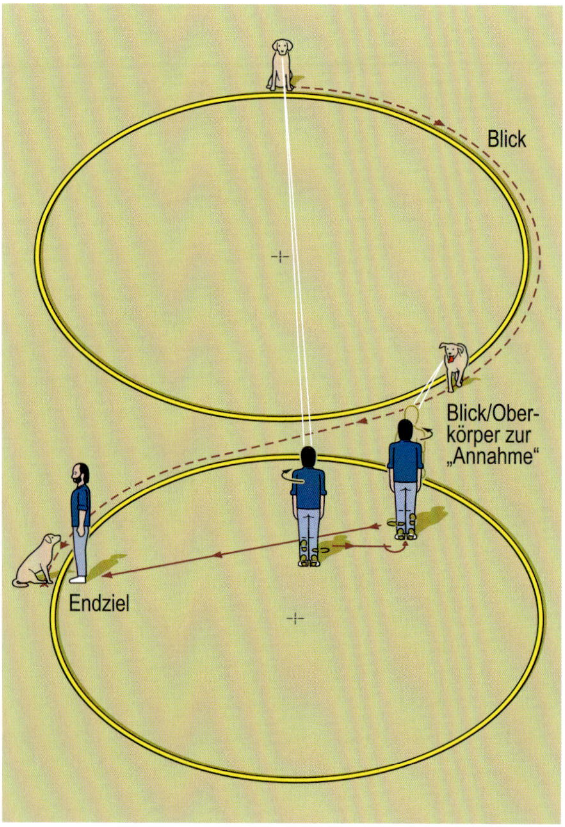


**KREISWECHSEL IN DIE ACHT** **Der Mensch führt den Hund aus der Distanz um den oberen Kreis, um dann gemeinsam am Ziel anzukommen.**

### Gewicht vom Hund weg verlagern

Sie nehmen also Ihren Blick vom Hund und verlagern dann Ihr Gewicht (beginnend mit dem Oberkörper) vom Hund weg.

### Zum anderen Kreis gehen

Hält Ihr Hund diese Position (das sollten Sie aus dem peripheren Sehvermögen wahrnehmen), können Sie ohne erneuten Blick zu Ihrem Hund zu dem anderen Kreis gehen.

### Am Kreisrand Position einnehmen, den Hund ansprechen, nach rechts öffnen

Im anderen Kreis angekommen, sollten Sie sich zunächst am Kreisrand positionieren und zwar ca. in Höhe der Wechselstelle zwischen den Kreisen. Wenn Sie sich nun wieder frontal zum Hund positionieren, der Hund sich also in Ihrer Körpermitte befindet und Sie im stabilen Stand sind, sprechen Sie Ihren Hund wieder auf dem rechten Fuß an und öffnen zunächst nach rechts.

### Blick in Richtung Laufweg ausrichten

Ihr Blick muss nun von Ihrem Hund entlang seines Laufweges gehen. Sie müssen nun einen Bogen schauen, denn sonst würde Ihr Hund quer durch den Kreis auf dem schnellsten Weg zu Ihnen kommen.

### Bewegung nach der Ansprache

Sie bewegen sich nun nach der Ansprache zunächst nach rechts. Nach Ihrer Ansprache sollte Ihr Blick/Oberkörper zum Zielpunkt bzw. zum Zwischenziel gerichtet sein. Nach ein paar Schritten drehen Sie sich, wie bei einem Stopp, wieder zu Ihrem Hund (Wiegeschritt wie bei einem „Fliegenden Wechsel“, siehe Seite 66). Beim Eindrehen zu Ihrem Hund, sprechen Sie diesen wieder mit Blick/Namen und Oberkörper an und geben ihm einen Moment später mit Blick/Oberkörper den Laufweg nach links vor.

Klappt dieser Wechsel zuverlässig, wird Ihr Hund nach und nach (Meter für Meter) weiter nach oben am Kreis abgesetzt, sodass er am Ende auf der Mitte des oberen Kreises sitzt oder steht. Sie gehen weiter in die Mitte des unteren Kreises. Auch bei dieser Konstellation müssen Sie Ihren Hund frontal ansprechen. Über Blick/Oberkörperstellung geben Sie ihm so den Laufweg entlang des oberen Kreises vor. Bei fortgeschrittenen Mensch-Hund-Teams muss der Mensch zwar noch den Weg über Blick und Oberkörper vorgeben, der Mensch muss sich aber nicht mehr zwingend voll mitbewegen.

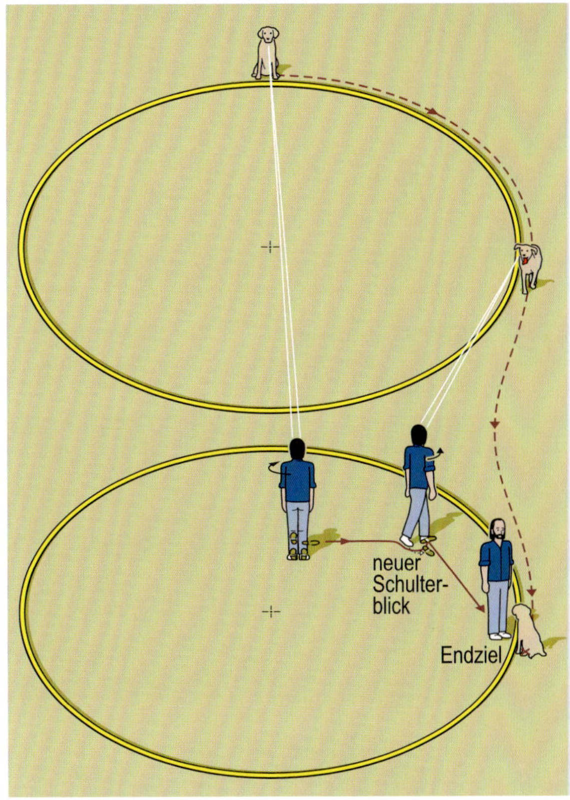


## DISTANZWECHSEL INS OVAL

Bei einem Distanzwechsel ins Oval starten Sie wie zuvor, jedoch wechseln Sie nun nicht in die Laufrichtung. Nach dem Öffnen nach rechts und den ersten Schritten, müssen Sie Ihren Hund nochmals ansprechen (Blick/Oberkörper), da Sie nicht unbedingt in der Lage sind, den gesamten Laufweg Ihres Hundes unmittelbar nach der Ansprache auszuformulieren. Nach der erneuten Ansprache müssen Sie dann wieder wie gehabt den Laufweg Ihres Hundes anzeigen. Denn an dieser Stelle müssten Sie nach der Ansprache erst entlang des Kreises und dann noch entlang des zweiten Kreises schauen – und das ist sehr schwer. Schwer deshalb, weil wir Menschen nicht zwei Bögen hintereinander durchlaufend schauen können. Damit es keine Missverständnisse zwischen Ihnen und Ihrem Hund gibt, ist es daher sinnvoll, zuerst die öffnende Bewegung entlang des ersten Kreises zu beenden, um dann erneut durch den Schulterblick den zweiten Kreis für den Hund verständlich zu erklären und dadurch Missverständnisse zu vermeiden.

**KREISWECHSEL INS OVAL** und die erforderlichen Ansprachen.

# DISTANZ
## *schafft freudige Nähe*

**[1–3] Im vollen Galopp zum Menschen. Auch in der Dynamik hört der Hund weiter freudig zu.**

**[4–8] Aus der selbstständigen Dynamik findet der Hund wieder in den Gleichschritt mit seinem Menschen.**

Longieren mit

# MEHREREN HUNDEN

# Anspruchsvolles Longieren mit mehreren Hunden

Das Longieren mit mehreren Hunden erfordert einige Voraussetzungen mehr als das Longieren mit nur einem Hund. Gut ist, wenn die Hunde, die gleichzeitig longiert werden, sich kennen und nicht die größten Feinde sind. Wichtig ist außerdem, dass die jeweiligen Hunde bereits in der Lage sind, sehr konzentriert mit ihrem Menschen zu arbeiten. Das Tolle und gleichzeitig auch das Schwierige an der Arbeit mit mehreren Hunde ist, dass die jeweiligen Mensch-Hund-Teams einerseits sehr bei sich selbst sein müssen, andererseits aber noch fähig sein sollten, die anderen Teams wahrzunehmen.

## JEDER HUND REAGIERT ANDERS

Hunde reagieren unterschiedlich auf die anderen Hunde außerhalb des Kreises und passen eventuell deren Laufwege ab. Es gibt Hunde, die große Bögen um andere Hunde (außerhalb des Kreises) machen, um keinen Konflikt zu provozieren. Andere Hunde springen kurz in den Kreis und dann selbstständig wieder hinaus, und wieder andere berühren sich fast und suchen regelrecht den Kontakt zueinander.

## INDIVIDUELLE STÄRKEN UND SCHWÄCHEN NUTZEN

Auch hier können Sie die Stärken, Schwächen und Handlungsmuster Ihres Hundes für sich nutzen, und ihm mittels Blick und Schulteröffnung alternative Laufwege anbieten. Diese Erklärungen sollten zunächst statisch passieren, d. h. nur ein Hund läuft, alle anderen Hunde werden hingesetzt und/oder abgelegt. Bei dieser Übung sind alle Mensch-Hund-Teams gefordert. Die sitzenden und liegenden Hunde dürfen ihre Position nicht verlassen und der frei laufende Hund muss die Sicherheit der Situation spüren und den Vorgaben seines Menschen folgen.
Zu diesem Zweck können Sie den Kreis verlassen und erst einmal gemeinsam mit Ihrem Hund an den anderen Hunden auf dem gewünschten Laufweg vorbeischreiten. Sind Sie schon etwas geübter, können Sie Ihren Hund aber auch immer kurz vor dem anderen Hund über Blick und Schulteröffnung ansprechen und ihm im Anschluss den Weg vorgeben.

## UNTERBRECHUNGEN ÜBEN

Finden sich zwei Hunde im positiven Sinne interessant (soziopositive Hunde), können Unterbrechungen von Interaktionen hervorragend geübt werden. Das Gleiche gilt natürlich auch für sozionegative Hunde. Auch mit diesen kann man, unter Umständen mit Maulkorb, gemeinsam am Kreis arbeiten. Gerade diese Hunde sollten zuvor jedoch auf jeden Fall einzeln gearbeitet worden sein und zuverlässig und sicher mit ihrem Menschen interagieren. Wichtig ist immer, dass alle Beteiligten für ihr Team verantwortlich sind.
Alle zuvor dargestellten Elemente, wie z. B. die Arbeit im Nahbereich, Kreiswechsel, Richtungswechsel, Tempowechsel etc. können auch in der Gruppe und mit mehreren Hunden durchgeführt werden.
Die Gruppenarbeit stellt aus meiner Sicht eine lebensnahe Situation dar, da ich als Mensch dabei meine Handlungsfähigkeit überprüfen und anwenden muss. „Gefahren" zu erkennen und immer richtige Entscheidungen zu treffen ist die Kunst des Führens. Wenn man es nicht von Haus aus kann, lernt man es beim Longieren.

**STABILER STAND** vor beiden Hunden.

**ANSPRACHE** des ersten Hundes.

# Ein Mensch longiert mehrere Hunde

## VORAUSSETZUNGEN

Wenn Sie zwei oder mehrere Hunde gleichzeitig longieren möchten, gibt es eine wichtige Voraussetzung: Zuvor müssen Sie das Longieren mit jedem Hund einzeln erarbeitet haben. Jeder Hund sollte also die Ansprache und die gemeinsamen Bewegungen kennen. Kennen alle Hunde das Grundprinzip, können Sie zwei oder mehrere Hunde synchron longieren.

## ANSPRACHE UND ÖFFNUNG MIT ZWEI HUNDEN

Bei der statischen Ansprache sitzen die Hunde parallel nebeneinander. Möchten Sie nach rechts starten, sitzt der rechte Hund zunächst parallel neben dem linken Hund. Dieser wird zuerst angesprochen. Der Mensch steht frontal vor beiden Hunden, wobei in der öffnenden Bewegung zunächst der linke und erst dann der rechte Hund angesprochen wird. Es kommt häufig vor, dass die Hunde sich um den inneren Laufweg streiten bzw. arrangieren und variieren. Ansonsten läuft alles wie beim Longieren mit nur einem Hund.

## FÜR FORTGESCHRITTENE

Sind Sie bereits ein bisschen geübter beim Longieren mit zwei oder mehreren Hunden, können Sie damit beginnen, aus der Statik heraus immer nur einen Hund anzusprechen und den anderen in der Grundposition zu belassen. In der nächsten Runde können Sie dann wechseln.
Je nach Stimmung in der Hundegruppe, können die sitzenden oder liegenden Hunde innen oder außen überholt werden. Beim Longieren mit mehreren Hunden sind Ihrer Kreativität keine Grenzen gesetzt. Sie beginnen mit den einzelnen Übungen im Nahbereich und trainieren dann in der Distanz.
Geübt wird hier vor allem auch Geduld (bei Ihrem Hund) und Genauigkeit in der Ansprache (bei Ihnen). Erstaunlich ist immer wieder, dass sich einzelne Hunde bei exakter Ansprache auch in der Gruppe angesprochen fühlen. Andererseits gibt es aber auch Hunde, die sich, im Positiven wie im Negativen, immer angesprochen fühlen. Bei diesen Hunden macht es Sinn, sehr genau zu arbeiten und eventuell auch einmal deutlicher bei falscher Interpretation zu unterbrechen.

**ANSPRACHE** des zweiten Hundes.

**MIT BEIDEN HUNDEN** in Bewegung.

**FORFTFÜHRUNG** des gemeinsamen Gesprächs mit beiden Hunden.

**VERSCHIEDENE SITUATIONEN der Begegnung und Bewegung von Menschen und Hunden.**

# Mehrere Menschen longieren ihre Hunde gleichzeitig

Longieren mehrere Menschen gleichzeitig ihre Hunde, sollten alle zumindest die Basics des körpersprachlichen Longierens beherrschen. Das bedeutet nicht, dass die agierenden Mensch-Hund-Teams schon fortgeschrittene Longierer sein müssen. Gerade hier können Anfänger und Fortgeschrittene sehr schön gemeinsam arbeiten. Besonders effizient an dieser gemeinsamen Übung ist, dass der Mensch hier durch Vorhersehbarkeit – er sieht bzw. weiß, wo die anderen Teams sind und was diese als Nächstes tun – klar, deutlich und alltagstauglich (zumindest alltagsvergleichbar) agieren kann.

[4]

[5]

## VARIATIONSMÖGLICHKEITEN

Merkt Ihr Hund, dass Sie immer eine gute und interessante Idee haben, wird er Ihnen gerne folgen. Auch in diesem Fall sind Ihrer Kreativität keine Grenzen gesetzt. Die Hunde können sich frontal oder von hinten kommend begegnen, der eine Hund kann schnell, der andere langsam sein, Hunde können abgesetzt oder abgelegt werden. Die beteiligten Teams können Kreise wechseln und alle bereits erarbeiteten Elemente einbauen. Sie selbst lernen, Situationen einzuschätzen und Ihren Hund zu führen. Spielaufforderungen und leichtes Imponierverhalten können Sie gezielt unterbrechen. Konkret können Sie zu diesem Zweck den Schulterblick einsetzen, gleichzeitig den Namen Ihres Hundes etwas schärfer sagen und näher an den Kreis gehen.

## KONFLIKTVERHALTEN ERKENNEN UND MANAGEN

Neben diesen „Trainingsvarianten" können Sie beim Longieren mehrerer Hunde das Konfliktverhalten Ihres eigenen Hundes sehen und erkennen. Läuft Ihr Hund z. B. außen um einen anderen Hund herum oder kommt er zu Ihnen in den Kreis, können Sie ihm klar und deutlich sagen, was Sie möchten und wo Ihr Hund laufen soll. In diesem Moment können Sie die „Schwäche" Ihres Hundes zur gemeinsamen Stärke umwandeln. Ein Angebot Ihrerseits wird Ihr Hund in dieser Situation gerne annehmen. Für den Hund ist es gut zu wissen, dass Sie ihm in jeder Situation zur Seite stehen.

[6]

**VERTRAUEN PUR** **Die Konzentration der Hunde bleibt beim Menschen, auch in der Begegnung mit anderen Hunden.**

Körpersprachliches Longieren

# IM ALLTAG

# Ein Ausblick

Mein Anspruch an die Arbeit am Kreis war immer, alles im Training Erlernte auch im Alltag anwenden zu können. Ich stelle immer wieder fest, dass viele Menschen innerhalb des Kreises zielsicher und punktgenau mit ihrem Hund körpersprachlich Longieren, das gesamte Repertoire von Bewegungsabläufen aber vergessen haben, wenn sie den Kreis verlassen.

In den von mir geleiteten Kursen und Workshops möchte ich die Menschen dazu bringen, das Training als Vorbereitung auf den Alltag zu begreifen. Will heißen, dass das Training der Verinnerlichung von Bewegungsabläufen dient, damit man auf diese auch in alltäglichen und stressigen Situationen zurückgreifen kann. Die Verlagerung zum Hund als Ansprache funktioniert nämlich auch außerhalb des Kreises und damit auch im Alltag – vorausgesetzt, dass diese Art der Kommunikation zwischen Mensch und Hund auch alltäglich wird.

## KÖRPERSPRACHLICHE KOMMUNIKATION IM ALLTAG

### Körpersprachliches Longieren und klassische Leinenführung

Wenn ich als Mensch die körpersprachliche Kommunikation verinnerlicht habe, kann ich das beim Longieren Erlernte in jede Alltagssituation übertragen. Zum Beispiel in die klassische Leinenführung. Hier verändert sich lediglich die Perspektive bzw. die Position zwischen Mensch und Hund.

**EINLEITUNG** der Ansprache.

**TATSÄCHLICHE** Ansprache.

**So wird's gemacht**

Sie und Ihr Hund stehen nebeneinander. Wenn Ihr Hund links von Ihnen sitzt, dann stehen Sie im stabilen Stand neben Ihrem Hund, wobei Ihr Gewicht primär auf dem rechten Fuß ist. Im Moment der Ansprache fällt Ihr Blick auf Ihren Hund, Ihr Oberkörper dreht/öffnet sich zum Hund, das Gewicht geht auf den linken Fuß und Ihr Hund wird mit seinem Namen angesprochen. Sie starten dann Ihren Weg auf dem rechten Fuß. Dabei setzt sich Ihr Hund ebenfalls in Bewegung. Ihr Oberkörper öffnet sich nun in Laufrichtung Ihres Hundes und Ihr Blick geht eben-

**[1–4] VON DER ANSPRACHE** in die gemeinsame Bewegung auf der Treppe.

**[5 – 6] AUS DER BEWEGUNG** die Stufen herunter in den Stopp.

falls in Laufrichtung. Ihr Hund schließt dicht zu Ihnen auf und bleibt so lange im Gleichschritt, bis Sie ihn aus der Bewegung wieder ansprechen und eine neue Information kommunizieren.

### Körpersprachliche Kommunikation an verschiedenen Orten

Ebenso können Sie an verschiedenen Orten ausprobieren, ob die körpersprachliche Kommunikation mit Blick und Köperverlagerung funktioniert. Sie können Ihren Hund über einen Blick ansprechen, egal ob er steht, sitzt oder liegt, um ihn dann über eine Verlagerung zu sich einzuladen. Probieren Sie es erst zu Hause aus, dann in einem Park und nach und nach in anderen Alltagssituationen wie in einem Kaufhaus oder einem Café.

## KÖRPERSPRACHLICHE KOMMUNIKATION GIBT SICHERHEIT

Sicher werde ich nicht jeden von der körpersprachlichen Arbeit am Kreis überzeugen können, ich kann aber aus meiner langjährigen Erfahrung sagen, dass die einzelnen Elemente des gesamten Buches zu einer Verbesserung der Kommunikation zwischen Mensch und Hund beitragen können. Das Leben ist so fordernd und häufig unberechenbar, dass eine verlässliche, verständliche Kommunikationsgrundlage daher zu Sicherheit und Vertrautheit beitragen und Stress reduzieren kann. Hunde leisten so viel und passen sich täglich an, ich finde es deshalb nur höflich und fair, Ihnen entgegenzukommen und zumindest lesbar und wiederkehrend zu kommunizieren.

# Die Autoren

**SAMI EL AYACHI**
lebt mit seiner Frau Jana, drei Kindern und drei Hunden im Herzen von Köln. Er ist zugelassener Rechtsanwalt, Master of Law (LL.M.) und behördlich genehmigter Hundetrainer. Im Laufe der letzten Jahre hat er das körpersprachliche Longieren mit Hund entwickelt. Hierbei handelt es sich um ein Kommunikations- und Körpersprachentraining für Menschen mit Hund, bei dem zunächst der Mensch ein Gefühl für seinen Körper und dessen Bewegungsabläufe vermittelt bekommt, um das Erlernte dann innerhalb kürzester Zeit zur körpersprachlichen Kommunikation mit dem Hund einsetzen zu können. Seine Workshops finden im gesamten deutschsprachigen Raum statt und es gibt Veranstaltungen für Hundehalter/innen sowie für Hundetrainer/innen.

**JOHANNA ESSER,**
geboren im Rheinland, aufgewachsen in Hamburg und Schleswig-Holstein, ist Fachjournalistin in Sachen Hund und lebt mit ihrem Lebensgefährten und 10 Hunden in der Lüneburger Heide. Nach einem Journalismus-Studium in Hamburg und einer Ausbildung bei Canis, dem Zentrum für Kynologie in Deutschland, war der berufliche Weg klar: Fachjournalismus Hund, gepaart mit der Arbeit mit Menschen und Hunden. Es waren schon immer Jagdhunde, die sie besonders in ihren Bann zogen. Diese Faszination ist geblieben, die Zucht und Ausbildung von English Pointern zu einer großen Leidenschaft geworden.

# *Danke*

Die Entstehung dieses Buches ist vielen Zufällen und glücklichen Fügungen geschuldet.

Auch wenn ich mir sicherlich an manchen Tagen einen einfacheren Hund gewünscht hätte, war es gerade mein geliebter und viel zu früh verstorbene Paule, der alle Ideen zu diesem Buch geliefert hat. Durch ihn wurden meine Neugier und mein Interesse an einer fairen und unmittelbarer Kommunikation zwischen Mensch und Hund geweckt. Seine Reaktionen ließen mich feststellen, dass man einen Hund durch einen Blick und eine Verlagerung des Oberkörpers ansprechen kann. Ebenso lehrte er mich, meine Blicke entlang seines Laufweges zu führen und den Blick sowie den Oberkörper erst danach in meine eigene Laufrichtung zu bringen. Unendlicher Dank gilt Dir, mein Freund Paule, für alles was ich durch Dich lernen durfte!

Dank gebührt aber auch sehr vielen Menschen und Hunden, denen ich persönlich begegnet bin und die sich auf meine Idee des körpersprachlichen Longierens eingelassen haben. Ohne die vielen beharrlichen und interessierten Nachfragen von unzähligen Menschen, hätte ich meine Ideen sicherlich nie zu Papier gebracht.

Stellvertretend bedanke ich mich daher bei Daniela Drews, die die wundervollen Bilder zu diesem Buch beigesteuert und den Kontakt zum Verlag hergestellt hat, bei Ute Schmalfuß vom Kosmos-Verlag, die mich von der Umsetzung des Buches überzeugt hat und natürlich bei Johanna Esser, meiner Mitautorin, die meinen Gedanken und schriftlichen Ausführungen den Feinschliff gegeben hat.

In den vergangenen Jahren waren es aber auch viele Trainerkolleginnen und Trainerkollegen, die an meine Arbeit geglaubt und mich gefördert haben. Mein Dank geht hier insbesondere an Nadin Matthews und Thomas Baumann.

Ein besonders herzliches Dankeschön geht auch an meine Eltern, Schwiegereltern und Freunde, welche mir und meinen Lieben viel Verständnis und vor allem Zeit schenken.

Den wohl entscheidensten Teil am Zustandekommen dieses Buches hat jedoch meine wundervolle Frau Jana. Sie war es, die meine Begeisterung an der Arbeit mit Mensch und Hund das erste Mal verbalisierte und mich von Anfang an bei jeder Entwicklung unterstützt und gefördert hat, dabei jedoch auch immer wieder kritisch und konstruktiv hinterfragt hat. Ich danke Dir aber nicht nur dafür, sondern für alles, was uns verbindet.

Sami El Ayachi

# SERVICE

## ZUM WEITERLESEN


Argyle, Michael: **Körpersprache & Kommunikation.** Junfermann Verlag, Paderborn 2005

Baumann, Thomas: **Ich lauf schon mal vor.** Baumann-Mühle Verlag, 3. Auflage 2009

El Ayachi, Sami: **Der zugewandte Hund.** Kosmos, Stuttgart 2021

El Ayachi, Sami: **Körpersprachlich arbeiten – Videokurs mit Sami El Ayachi.** Erfolgreich kommunizieren durch Körpersprache. Unter: www.kosmos-hund.de

El Ayachi, Sami: **Grundlagen der körpersprachlichen Kommunikation mit Hunden.** Webinar.
Unter: www.kosmos-hund.de

Feddersen-Petersen, Dr. Dorit: **Ausdrucksverhalten beim Hund.** Kosmos, Stuttgart 2009

Feddersen-Petersen, Dr. Dorit: **Hundespychologie.** Mit 90 Minuten Hundefilmen auf DVD. Kosmos, Stuttgart 2013

Kropp, Dirk und Christina Barandun: **Aikido**, Die Friedfertige Kampfkunst zur Persönlichkeitsentfaltung. Kösel-Verlag, München 2009

Mazur, James, E.: **Lernen und Verhalten.** Pearson Studium, München 2006
Poestges, Klaus, C.: **Chan-Schaolin**, Der Drachenstil. Hackbarth Verlag, 1994

Rosenberg, Marshall, B.: **Gewaltfreie Kommunikation.** Junfermann Verlag 2009

Steiner, Rudolf: diverse Werke

Scheflen, Albert, E.: **Körpersprache und soziale Ordnung.** Kommunikation als Verhaltenskontrolle. Ernst Klett Verlag, Stuttgart 1972


## NÜTZLICHE LINKS

www.longieren-mit-hund.de
instagram.com/samielayachi
www.kosmos-hund.de
instagram.com/kosmos.hund
facebook.com/kosmos.hund

# REGISTER


**A**bbruch 8
Ablauf, am Kreis 39 ff.
Ablauf, wiederkehrender 19
Ablenkung 9
Abruf, aus der Distanz 89
Absetzen, am Kreis 39
Absperrband 20
Acht 100
Alltag 11, 28, 110 ff.
Alltagssituationen 7, 110 ff.
Alter, des Hundes 13
Altersbegrenzung 8
Analyse der Körpersprache 14 f.
Ängstliche Hunde 14
Ansagen, körpersprachliche 9, 15
Ansprache 8, 45, 48 ff., 61, 79 ff., 106
Ansprache, aus der Statik, Trainingsplan 61
Ansprache, am Kreis 49 ff.
Ansprache, aus der Bewegung 78 ff.
Ansprache, mit zwei Hunden 106
Ansprache, verpasste 79
Anspringen 11
Anstarren 54 f.
Anstrengung 22
Arbeit, am Kreis 28 f.
Arbeit, an zwei Kreisen 11, 88 ff.
Arbeit, auf Distanz 84 ff., 96 f.
Aufgabe, des Hundes 8
Aufgabe, des Menschen 8
Aufmerksamkeit 22, 30 f.
Aufmerksamkeitszustand 13
Aus dem Kreis schicken 74 f.
Ausbildung 7
Ausrüstung 20 f.
Außenreize 14
Authentizität 23
Ball-Übung 8, 35, 88

**B**elgischer Wechsel 93
Bellen 11
Belohnung, körpersprachliche 25
Berührung 18 ff.
Beschäftigung 11, 19
Bevorzugtes Tempo 69
Bewegung 20, 22, 50 f., 63, 79 ff.
Bewegung, nach der Ansprache 100 f.
Bewegung, öffnende 56 f.
Bewegungsabfolge 29
Bewegungsabläufe 29, 45, 64 ff., 111
Beziehung 10 f.
Beziehungsarbeit 8, 11, 20, 64
Bindung 15
Blick 8, 10 f., 13, 19, 33, 39, 43, 52 ff., 80
Blick, Bedeutung 53
Blick, bei der Ansprache 52 ff.
Blick, Funktion 53
Blick, im stabilen Stand 44
Blickkontakt 43
Blickrichtung 13, 35

**C**ampingheringe 20

**D**auertraber 68
Distanz 9, 11, 64, 73, 85 ff., 96 f., 102 f.
Distanzarbeit 85 ff., 96 f.
Distanzvergrößerung 85 ff.
Drainagerohre 20
Drehen 66, 93 f.
Dynamik 11, 79

**E**indrehen, an der Wechselstelle 93
Einladung, zur Kommunikation 8, 19
Emotionsschwankungen 23
Energie, positive 23
Energielevel 10
Entwicklungsstand 13
Erregung 10
Erziehung 19

**F**air Play 28
Feedback 29, 45, 79
Fehler 52, 64, 70 f., 75
Festigung, der Mensch-Hund-Beziehung 11
Fettlederleine 8
Flatterband 20
Fliegender Wechsel 66 f.
Fluchtverhalten 11
Folgen 13, 24
Freiheit 11
Freilongieren 11
Frühentwickler 14
Führen 13, 24, 65, 105
Füße 80 f.
Füße, bei der Ansprache 58
Füße, im stabilen Stand 44
Futter 24 f.

**G**ähnen 11
Gangbild 22
Geduld 22, 106
Genauigkeit 14
Geschirr 21
Gespräch 13, 19 f., 25, 40 f., 46 f., 52, 79, 90 f.
Gesprächsführung 9
Gesprochene Sprache 7, 59, 83
Gesten 80
Grenzen 15, 64
Grenzübertretung 11, 28
Größe, des Hundes 13
Grundposition 30 ff., 43
Grundvoraussetzung 10
Gruppenarbeit 105

**H**alber Kreis 86 f.
Halsband 20 f.
Haltung, innere 44
Handlung, soziopositive 25
Hilfsmittel 10, 64
Hund, Aufgabe 8
Hund, Körpersprache 10, 15
Hund, Persönlichkeit 13
Hunde, ängstliche 14
Hunde, sozionegative 105
Hunde, soziopositive 105
Hunde, unsichere 25
Hundesport 7, 11
Hütehunde 7

**I**mpulsgebung 21
In-die-Leine-beißen 24
Innere Haltung 44
Intensivierung, der Beziehung 10

**J**agdhunde 14
Junghund 13 f.

**K**larheit 29
Kommunikation 7 ff., 19 ff., 54 ff., 83, 111 ff.
Kommunikation, kreisförmige 19 ff.
Kommunikations-Code 15
Kommunikationsfluss 27
Kommunikationstraining 13 ff.
Konfliktverhalten 109
Königsdisziplin 7, 93
Kontaktaufnahme 25
Kontrollblicke 11
Kontrolle 28, 54
Konzentrationsfähigkeit 22
Kopfarbeit 22
Körperhaltung 13
Körpersprache, Analyse 14 f.
Körpersprache, des Hundes 10, 15
Körpersprache, des Menschen 7 ff., 13 ff., 82 f.
Körpersprache, Wahrnehmung 10, 15
Körpersprache, Wirkung 10
Körpersprachentraining 13
Körpersprachliche Ansagen 9, 15
Körpersprachliche Belohnung 25
Körpersprachliche Signale 21
Körpersprachliches Longieren 19 ff.
Kratzen 11

Kreis, halber 86 f.
Kreisarbeit 7, 28 f.
Kreisförmige Kommunikation 19 ff.
Kreiswechsel 92 ff.
Kreiswechsel, ankündigen 93
Kreiswechsel, aus der Distanz 96
Kreiswechsel, im Nahbereich 96
Kreiswechsel, in ein Oval 100
Kreiswechsel, in eine Acht 100

**L**angsamer werden 69
Langsames Tempo 70
Langsamkeit 19 f.
Laufrichtung 11, 93 f.
Laufweg 85 ff.
Leckerli 10, 24
Leine 19 ff., 26 f., 60, 111 ff.
Leinenführung 26 f., 111 ff.
Leinen-Übung 37
Lernatmosphäre 22 ff.
Lob, verbales 83
Longieren auf zwei Zirkeln 11
Longieren, körpersprachliches 19 ff.
Longieren, mit mehreren Hunden 104 ff.
Longierkreis 10, 20
Longierplatz 23
Longierzubehör 20
Longility 11

**M**ehrere Hunde longieren 104 ff.
Mehrere Menschen longieren gleichzeitig 108 f.
Mensch, Aufgabe 8
Mensch, Körpersprache 7 ff., 13 ff., 82 f.
Mensch, Persönlichkeit 13
Mensch-Hund-Beziehung 7, 11, 20
Mensch-Hund-Team 9, 105, 108 f.
Mensch-Mensch-Übungen 34 ff., 45, 93
Mimik 80
Miteinander 7, 20, 25, 28
Mittleres Tempo 68
Motivation 7, 9, 22 ff.
Motivationshilfen 7, 10, 22, 24 f.

**N**ahbereich 9, 49, 64, 96
Nähe 9, 18 ff., 101 f.
Namen nennen 59, 64, 81
Normales Tempo 71

**O**berkörper, verlagern 8, 43, 80 f., 96
Oberkörper, bei der Ansprache 58
Oberkörper, im stabilen Stand 44
Oberkörpereinsatz 80 f.
Öffnen 63 ff.
Öffnende Bewegung 56 f.
Öffnung 45, 54 ff., 106
Öffnung, mit zwei Hunden 106
Orientierung 11
Orientierungshilfe 11, 20, 28 f.
Oval 100

**P**asslaufen 11, 22
Pausen 22
Perfektion 16
Persönlichkeit, des Hundes 13
Persönlichkeit, des Menschen 13
Planung 29
Positive Energie 23
Pylonen 21

**R**ahmenbedingungen 23
Rassen 13 f.
Raumgeben 20, 43, 94
Räumliche Stellung 13
Regeln 19
Regelwerk 11
Reitsport 7
Resultate 11
Richtung 79
Rudolf Steiner 43
Rundbögen 20

**S**chnappen 11
Schneller werden 68
Schnellers Tempo 72
Schritte, am Kreis 63 ff.
Schulterblick 53, 73, 80, 86 f., 96, 109
Schwächen 105, 109
Sicherheit 113
Signale, körpersprachliche 21
Sozionegative Hunde 105
Soziopositive Handlung 25
Soziopositive Hunde 105
Spaß 19
Spielzeug 25
Sprache, gesprochene 7, 59, 83
Stabiler Stand 42 ff.
Stabiler Stand, Trainingsplan 47
Stärken 105, 109
Statik 61, 88
Steiner, Rudolf 43
Stellung, räumliche 13
Stimme 22
Stimmung 23, 83
Stimmungslagen 10, 24
Stoppen 76 f.
Streicheln 25
Stress 25
Synchronisation, Sprache 82

**T**abuzone 9, 15
Tanzbereich 94 f.
Tassen-Übung 8, 36 f., 66, 88
Tempo 10 f., 68 ff., 81, 89
Tempo, bevorzugtes 69
Tempo, langsames 70
Tempo, mittleres 68
Tempo, normales 71
Tempo, schnelles 72
Tempoveränderungen 8, 19, 70 ff.
Tempowechsel 73, 81
Therapielongieren 11
Timing 10
Training, nonverbales 8, 19
Trainingsleine 27
Trainingsplan, Ansprache aus der Statik 61
Trainingsplan, stabiler Stand 47
Trockenübungen 35 ff.

**Ü**berforderung 11, 22
Übersprungshandlungen 11
Unsichere Hunde 25
Unterbrechungen 105
Ursachenforschung 22

**V**ariationsmöglichkeiten 109
Verbales Lob 83
Verbesserung, der Beziehung 10
Verhaltensbegleitung 14
Verhaltensberatung 8, 11, 14, 24
Verlagerung, des Oberkörpers 8, 43, 80 f., 96
Verlässlichkeit 11
Verpasste Ansprache 79
Vertrauen 11, 15, 28
Viereck 85 ff.
Viertelkreis 88 f., 100
Voraussetzungen 8, 29, 105 f.
Vorbildung 7

**W**ahrnehmung, der Körpersprache 10, 15
Wechsel, Fliegender 66 f.
Wechselpunkt 88 ff.
Welpe 13 f.
Wettkämpfe 11
Wiederkehrender Ablauf 19
Wirkung, der Körpersprache 10

**Z**eltheringe 20
Zirkel 11
Zubehör 20 f.

## BILDNACHWEIS

215 Farbfotos wurden von Daniela Drews/Kosmos für dieses Buch aufgenommen.

Mit 7 Illustrationen von Wolfgang Lang.

Alle Filme für die KOSMOS PLUS APP wurden von OW Media Solutions GmbH für dieses Buch gedreht.



## IMPRESSUM

Umschlaggestaltung von GRAMISCI Editorialdesign unter Verwendung von Farbfotos von Daniela Drews/Kosmos.

Mit 215 Farbfotos und 7 Farbillustrationen

Alle Angaben in diesem Buch erfolgen nach bestem Wissen und Gewissen. Sorgfalt bei der Umsetzung ist indes dennoch geboten. Der Verlag und der Autor übernehmen keinerlei Haftung für Personen-, Sach- oder Vermögensschäden, die aus der Anwendung der vorgestellten Materialien und Methoden entstehen könnten. Es wird empfohlen, für die Online-Zusatzangebote WLAN zu verwenden. Das mobile Surfen ohne WLAN kann dazu führen, dass zusätzliche Kosten für die Datennutzung bei Ihrem Mobilfunkanbieter entstehen.

Unser gesamtes Programm finden Sie unter **kosmos.de.**
Über Neuigkeiten informieren Sie regelmäßig unsere
Newsletter, einfach anmelden unter **kosmos.de/newsletter**

Gedruckt auf chlorfrei gebleichtem Papier


Pfizerstraße 5-7, 70184 Stuttgart

ISBN 978-3-440-14748-1
Redaktion: Ute-Kristin Schmalfuß
Gestaltungskonzept: GRAMISCI Editorialdesign, München
Gestaltung und Satz: Atelier Krohmer, Dettingen/Erms
Produktion: Eva Schmidt
Printed in Slovakia / Imprimé en Slovaquie

FSC
www.fsc.org
MIX
Papier | Fördert gute Waldnutzung
FSC® C084279